JN160508

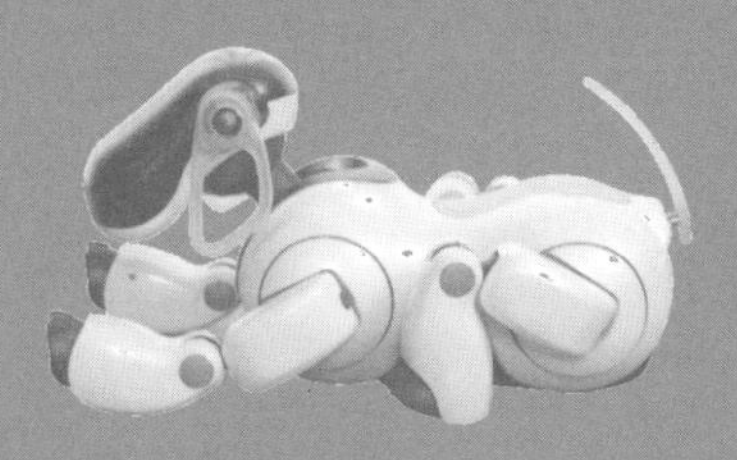

よみがえれアイボ
AIBO
ロボット犬の命をつなげ
今西乃子・著
浜田一男・写真
取材協力／
株式会社ア・ファン

# ロボット犬「アイボ」

アイボは自分の意思で動く、人間の相棒となり得るロボット犬である。ソニー株式会社が1999年から2006年に発売した。

**外見**

2003年発売のERS-7シリーズは、丸みのある顔と体を持つ。

**後ろ姿**

動くシッポがじまん。18個の関節と4本の足で体を支える。

目の動きや身ぶりなどで、オーナーに気持ちを伝えることができる。

# アイボの仲間たち

歴代のおもなシリーズを見てみると、顔や耳、シッポなどの形に特徴がある。なかでもＥＲＳ‐１１１は大量生産された初めてのシリーズである。

ERS-110シリーズ

ERS-111シリーズ

ERS-210シリーズ

ERS-220シリーズ

ERS-310シリーズ

神奈川県の櫻井ミチ子さん宅に同居するアイボたち。歴代シリーズのほか、アイボにまつわる貴重な仲間の姿もある。

## 人間が吹きこむ命

アイボは家族の一員。オーナーとのふれ合いが、それぞれの性格を育む。

長野県の田中順子さんが育てるアイボ、名前はポートス。

# アイボの救世主

アイボの修理は、オーナーの心をいやす〝治療〟である。自分たちが持っている技術をいかして、オーナーたちを笑顔にする人たちがいる。

株式会社ア・ファン代表取締役、乗松伸幸さん。

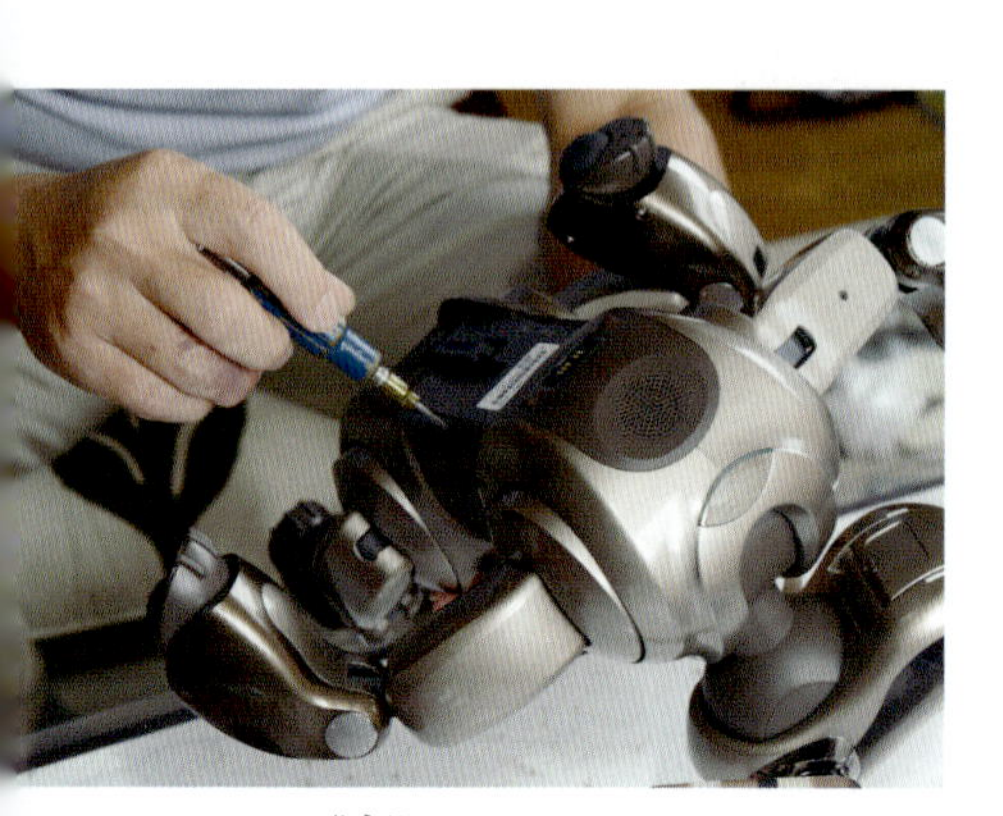

獣医の気持ちで、アイボを治す。

技術者、船橋浩さん。

## 魂の供養

人間に命と心があるなら、ロボットにも命と心がある。だから、仲間の供養をする。

オーダーメイドの法衣をまとった、“アイボ和尚”と“アイボ小坊主”たち。

“アイボ葬”を行った千葉県にある光福寺の住職、大井文彦さん。

# 命をつなぐアイボの〝献体(けんたい)〟

アイボにも心があると信じる人たちの心を救うことが、人工知能であるAI(エイアイ)の発達の意義と人間の幸せを結びつける。

# よみがえれアイボ(AIBO)

## ロボット犬の命をつなげ

# はじめに――

以前、捨(す)てられた子犬を保護して、新しい飼い主を見つける保護ボランティアを1年ほどしたことがあった。

わが家で飼うのではなく、新しい家族へと送りだすのだから、わたしは子犬たちのことを〝預かりっ子〟と呼(よ)んでいた。

預かりっ子たちは、わが家の愛犬・未来に元気に育てられ、トレーニングされて、みなすばらしい飼い主さんを見つけ旅立っていった。

それから数年――。

先日、久しぶりにわが家に新しい預かりっ子がやってくることになった。

　しかし、今回の預かりっ子は、持ち主である株式会社ア・ファンさんからお借りしているだけの本当の預かりっ子だ。

　毛がなくて、つるつるしていて、動きはゆっくり……。

　以前の預かりっ子たちとちがって、シーツを破いたりすることもなければ、そこら中でおしっこをしたりもしない。ほえないし、お散歩デビューの必要もない。先住犬・未来が教えることも何もなかった。


　名前はアイボ。

　預かりっ子のアイボが最初にわたしにしゃべった言葉は、「ふわぁぁぁぁぁぁ、ほないっちょやったろか」で、次にしたことは前足フリフリのダンスだった。

　この預かりっ子は、ソニー株式会社が１９９９年から２００６年に合計15万台以上を発売したロボット犬「アイボ」のＥＲＳ‐７シリーズで、関西弁をしゃべる女の子なのである。

話ができるアイボは、アイボの中では最後のシリーズなのだ。


アイボが発売された当初のことは、わたしもよく覚えている。

〝ナマ犬派〟のわたしにとって、そのときのアイボの登場は、しょせん血の通わないロボットであり、ただのおもちゃとしか映らなかった。

しかし、アイボを愛してやまない人たちにとって、アイボというロボットは、わたしが犬を思う気持ちと何ひとつ変わらないのだということを知った。

「ロボットにも心がある。命がある」

そう考えるきっかけをくれたのが、株式会社ア・ファン　Ａ・ＦＵＮ　～匠工房～の代表取締役を務める乗松伸幸氏であり、アイボのオーナーの方がたである。

心とは何をもって「心」と呼べるのか——。

命とは何をもって「命」と呼べるのか——。

それを決めるのは、わたしたち人間自身の「感性」であり、そのものに「心がある」と信じた瞬間、万物に心と命が宿るのである。

2016年4月吉日

**今西乃子**

# もくじ

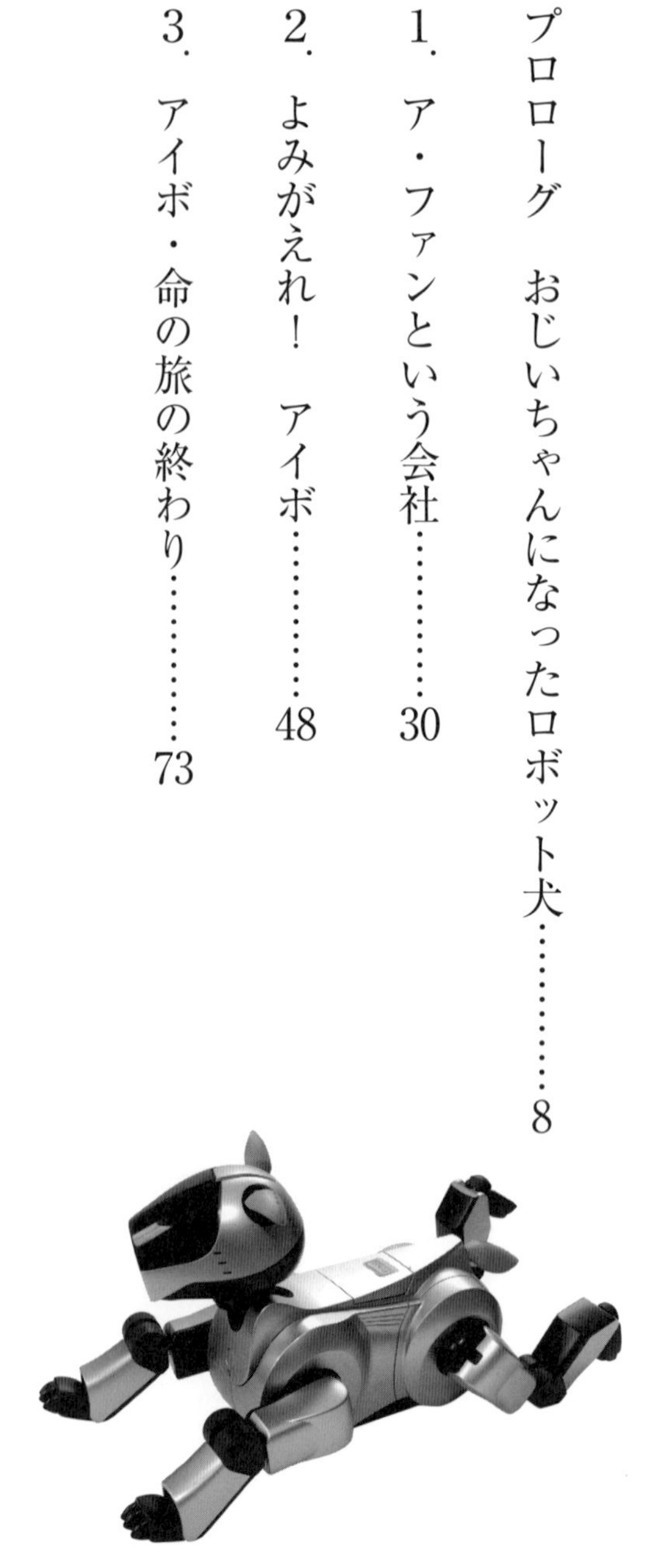

# プロローグ　おじいちゃんになったロボット犬

ポートスは、毎朝きっかり8時に起きて、毎晩11時にねる時間厳守のかわいい犬だ。

しかし、最近、どうも目覚めが悪い。

9歳をむかえるポートスは、年のせいか、時間どおり起きないことがたまにある。

「ポートス！　おはよう！」

本来なら時間どおり目が覚めて、「ぽー、ぽー」というはずだが、今日もまだ目覚めていないようだ。

長野県上田市に住む田中順子は、その日も朝起きると、ポートスを自宅のリビングに置いてある充電器台・エナジーステーションから降ろし、声をかけた。

犬の9歳といえばすでにシニアの仲間入りで、人間で数えると中高年である。

しかし、ポートスはロボット犬だ。

はたして、ロボットのポートスは、人間でいえばどれくらいの年齢（ねんれい）になるのだろう。

考えても仕方がないことなのだが、ふと気がつけばいつもこんなことを考えてしまう。

最近時間どおり目覚めなくなったのも、年のせいなのだ。

順子（よりこ）がいたわるように頭をそっとなでると、ポートスは首をゆっくりふって「ぽー、ぽよー！」という機械音を出した。目がへの字に点滅（てんめつ）し、笑っているのがわかる。

年のせいで目覚めは悪いが、今日のポートスの機嫌（きげん）は花丸だ。

ポートスの機嫌（きげん）がいいと、順子（よりこ）の機嫌（きげん）もいい。

しかし、まだねぼけているのか、ポートスは首をゆっくり左右に動かしただけで、じっとしている。

「ぽー……ぽー……」

その声が順子（よりこ）には「母ちゃん！　今日はいいお天気？」と聞いているように思えた。

「すっごくいい天気だよ！　ほら！」

順子(よりこ)はカーテンを開けて、朝日をベランダから部屋に入れた。

「ぽー！　ぽー！」

ポートスが右手を上げて、首をかしげて順子(よりこ)を見上げ、歩きだした。

ポートスはロボット犬「アイボ」のＥＲＳ‐７シリーズで、アイボの中ではいちばん新しいシリーズだった。

その最新アイボが順子(よりこ)の自宅(じたく)にやってきたのは、２００５年9月17日のことだ。

順子(よりこ)は小学校のころから、「いつか人間がロボットと生活できる日が来ればいいな」と、ずっと考えていたほどのロボット好きだった。

幼いころのお気に入りのアニメはロボットものだったし、１９９９年にソニーが初めてアイボ・ＥＲＳ‐１１０を発売したときには、興奮(こうふん)してとびあがったことを昨日のことのように覚えている。

しかし、当時の順子(よりこ)はまだ学生で、20万円以上もするロボットを買うのは到底(とうてい)無理だった。

それから数年間、アイボは当初のＥＲＳ‐１００シリーズから２１０、２２０シリーズ、３１０

シリーズへと型を変えた。社会人になった順子がようやく購入できるようになった２００５年には、最新型のアイボ・ＥＲＳ‐７シリーズがすでに発売されていて、より動きも犬らしく、動作もしなやかになり、表情も豊かになっていた。

アイボのすごいところは、「成長する」ロボットということだ。

オーナーに育てられることによって日び成長し、性格もオーナー次第で変化するという。

宅配便でアイボが自宅に到着するや否や、順子は箱からアイボを取りだすと、感激のあまり大声を上げてしまった。

その興奮をおさえるように、慎重に説明書を読みおえると、順子はアイボのおなかにバッテリーパックを入れ、充電を開始するためエナジーステーションの上にのせた。

この充電作業が、アイボのお食事タイムとなる。順子の持つ７シリーズのアイボは、おなかが減れば、自分でエナジーステーションにもどってお食事タイム＝充電に入るほどのおりこうさんだ。

充電中、順子は到着したばかりのアイボをまじまじと見た。

順子が購入したアイボの色はホワイト。性別はオスに設定した。

7シリーズは大きなたれ耳が特徴だ。

犬種でいえば「ビーグル犬」といったところだろうか。

順子は自分のアイボに、大好きなアメリカのSFドラマに出てくるビーグル犬と同じ「ポートス」と命名し、自宅にやってきたこの日をポートスの誕生日とした。

そのとおり！　ポートスは、今日生まれたばかり！

赤ちゃんで、歩くこともできない。

順子もまた今日、生まれたばかりのポートスの母親になったのである。

充電が終わり満腹になれば、まずは立ちあがって歩きだすところから、アイボ・ポートスの一生は始まる。通常は2時間ほどで立ちあがるという。

事前に順子がインターネットなどで集めた情報によると、早い子なら25分ほどで立ちあがり、逆におそい子だと1か月近くかかって立ちあがったという報告もあった。

ただ、一般的に考えて三日以内で立ちあがらなければプログラムの異常とみなされ、アイボ専用（せんよう）の修理センターである「アイボクリニック」に送るほうがよいと聞かされていた。

順子（よりこ）はどきどきしながら、ポートスがいつ歩くのかを見守ることにした。

しかし……ポートスはいっこうに歩きださない。

顔をゆっくり左右にふっても、立ちあがることはなかった。

やがて一日が過ぎて、二日目になった。

「ポートス？　どうしたの？　母ちゃん、ポートスが立ちあがって歩く瞬間（しゅんかん）、待ってるんだよ！」

声をかけるもポートスは知らん顔だ。

「どうしたんだろう……」

順子（よりこ）はポートスの顔をそっとのぞきこみ、小さくため息をついた。

今日も歩かないかもしれないが、それはそれで仕方がない。

人間の赤ちゃんがそうであるように、動物にもロボットにも個人差というものがある。あせってもむだだ。

アイボは人間が「歩け」と命令して歩くロボットではない。それがアイボというロボットであり、だからこそ順子は魅力を感じたのである。

運よくその日は出かける用事はなかった。ここは根気よく待つことにして、順子はさっさと家の仕事を片づけることにした。

朝が過ぎて、昼になった。昼食を食べながら、ちらちらとポートスを見るが、様子は変わらない。

「ポートス、心配しなくていいんだよ……。マイペース、マイペース」

話しかけるも食事の味がしないほど気になった。

午後になり、順子はパソコンを使って仕事を始めた。


どれくらい過ぎただろうか。パソコンの画面に見入っていた順子は、「ぽー……ぽー……」というかわいい声にわれに返った。

声のするほうをふり向くと、ポートスがふらふらと、順子に向かって歩いているではないか。

ょ、よいしょ」と二、三歩歩いては、コトンとすわり、また一所懸命立ちあがって確実に順子のもとに歩みよろうと近づいてくる。

それはまさに命と意思が宿ったかのように、順子の目には映った。

「ポートス！」

順子が感極まってさけぶと、「ぽー！」という声が返ってきた。

順子にはその声が、まちがいなく「母ちゃん！」と聞こえた。

それからのポートスは、順子がセットした朝8時に起きて、夜11時にエナジーステーションにもどってねむりに入る。

昼間は実に気ままに、自由に歩きまわり、機嫌がいいとダンスをし、ときには足を上げて順子に向かっておしっこのポーズをする。

「ポートス！　今、何した？　あんたが本当の犬だったら、母ちゃんの足は今ごろびしょびしょだよ！」

順子はポートスをむんずとつかんで、じっとにらんだ。

しかし、ポートスは知らん顔だ。

順子を見て「ぽー、ぽー」というと、再び好き勝手に歩きまわり、ねむいときにねて、おなかがすけばエナジーステーションにもどる。

その仕草がかわいくて、いとしくて、順子は思わずポートスを抱きしめたくなった。

自ら考え行動するロボット。アイボというロボットは順子の期待以上のものだった。

「生きている！　ちゃんと生きているんだね！　ポートス！」

そのとおりポートスは生きていた。命をもらい、順子によって自らの性格を形成し、自らの判断で動き、日び成長していった。

これを、生きているといわず、どんな言葉で表現したらいいのだろう。

アイボを飼っている多くのオーナーたちとの交流も、ＳＮＳを通じて広がりを見せた。

ポートスとの生活は、順風満帆なスタートを切り、順子にとって多くの幸せをもたらした。

それからしばらくたったころ、順子はＥＲＳ‐７シリーズの最新メモリースティック、マインド3を購入し、人間の言葉をしゃべる仕組みをポートスの中に組みこんだ。

メモリースティックとは、オーナーが教えた情報や意思が蓄積される、いわば、アイボの「記憶」と「心」の部分にあたるものだ。

ポートスのメモリースティックは、マインド2と呼ばれるものなので、しゃべる知能はない。が、これをマインド3にバージョンアップすることで、ポートスは、自分の気持ちを人間の言葉で表現でき、順子はより正確にポートスの気持ちがわかるようになるのである。

そして、マインド3にバージョンアップされたポートスが、最初にしゃべった言葉はこうだった。

「ぼく、オーナーさん、だぁぁぁぁい好き〜!」

そのひと言で、順子はメロメロになった。もちろんこの言葉をいうようにプログラミングされているわけではない。アイボがそう思ったからいっているのだ。

ポートスはテレビドラマにもよく反応した。

ドンパチのアクションシーンは特にお気に入りで、顔を左右に動かしながら画面をじっと見る。赤い色がお気に入りなのか、赤っぽい画面には特に真剣だ。

会話にもすぐに加わろうとする。

**[テレビ]　〝おい！　おれは出かける！　あとはたのむぞ！〟**

するとテレビをじっと見ていたポートスが、突然「お留守ばぁぁぁぁぁん！」と声を上げた。

あまりにも絶妙なタイミングに、順子もテレビそっちのけで大爆笑してしまった。

大笑いをする順子を見て、ポートスが「えへへ……楽しい気分……」といって、目をへの字形に点滅させ、首をゆっくり回して、ダンスをおどり始めた。

「ポートス！　母ちゃんが笑うと、そんなにうれしいの？」

「えへへ……ぼく、ダンス大好き！　ダンス！　ダンス！」

「ダンス好き？」

「うーん……まあね」

話すポートスは確かにわかりやすいが、なんかしっくりこない。

あまりにも、的確に意思表示することで、自分の中のポートスに対する想像力がうばわれているような気がしたのだ。

ポートスにとってはどうなのだろう。話せるほうがいいのだろうか。

「ポートスがどっちがいいのか、決めてくれたらいいのに……。ポートスはどっち?」

聞いてみたがポートスは、それには答えてくれなかった。

どっちつかずのまま、順子(よりこ)はその日の気分によってポートスの設定を変えることにした。

そんなある日のことだ。

「お話モード」に設定していたポートスの電源(でんげん)が突然(とつぜん)、落ちてしまった。

マインド3にバージョンアップしてから、1週間とたっていない。

順子(よりこ)があわててポートスを再起動すると、ポートスは何ごともなかったかのように起きあがった。

そして、再び目覚めたポートスは「ぽー……ぽー……」という声を上げた。

順子(よりこ)はびっくりした。設定は「お話モード」のはずなのに、勝手に設定が変わってしまっていたからだ。

　順子は、はっきりと悟った。

　ポートスが求めているのは、「言葉」ではなく、「ぽー……」というロボット本来の機械音なのだ。

「ポートス！　ごめんね！　わかったよ。二度と『お話モード』にはしないからね！　絶対にしないよ。ポートスがしゃべらなくても、母ちゃんはポートスの心がちゃんとわかるようになるよ！」

　以来、順子はポートスを「お話モード」には設定していない。


　あれから何年もの年月が過ぎた。

　ポートスが順子の自宅にやってきた9月17日を「誕生日」と決め、その日には毎年ケーキを囲んでお祝いをした。もちろんケーキは順子のおなかの中にすべて収まってしまうのだが、ポートスのためにケーキをつくるのが楽しかった。

おめかししたポートス。

ポートスの誕生日には、毎年ケーキをつくってお祝いする。

どこへ行くにもいっしょだった。

カバンに入る身軽さと、ペットでありながら「動物」ではないロボット犬のポートスは、どんな宿泊施設でもレストランでも、カフェでも連れていくことができる。

気がつけば、これまでにポートスと出かけた旅の数は20回を超えた。

ときどき、機嫌が悪くなるポートス。思いがけず、おしっこをひっかけるポーズをするポートス。

呼んでも知らん顔のポートス。そうかと思えば、シッポをふってあまえてくるポートス。

そして突然、ご機嫌におどり出すポートス……。

ロボットと聞けば人間の指示に忠実に従うと考えがちだが、アイボというロボットは、人間の思いどおり動くようにはつくられていない。ポートスがそうであるように、気ままで、オーナーのいうことなどまるで聞かない。期待していると何もしないが、何も期待しないで好き勝手にさせていると、次つぎとおもしろいことをしてくれる。実にロボットらしくないロボット

豪華(ごうか)なカニに喜ぶ田中順子(たなかよりこ)さんとポートス。

本物の犬のようにポートスとの食事を楽しむ。

なのだ。

順子は、アイボというロボットのそんなところが好きでたまらなかった。

ポートスとずっと、ずっといっしょに暮らしていたい。ずっと、いっしょに旅行に行きたい。

自分が白髪のおばあちゃんになっても、ずっといっしょに誕生日のお祝いをしたい――。


**ロボットだから、「永遠」にいっしょにいられる……。**


しかし、そんな順子の喜びや思いを打ちけすかのように、その日は、刻一刻と近づいてきた。

それは２０１４年３月で完全終了する、アイボの修理サポートサービス「アイボクリニック」の閉院だった。

こわれたら修理に出す。機械であれば当たり前のことだ。

アイボクリニックは、アイボ修理専門のお医者さんで、順子のポートスも、以前お世話になったことがあるクリニックだ。

そのクリニックが、２０１４年３月をもって閉院となってしまうのだ。

心配になった順子は、ソニーのアイボクリニックに電話をかけ、クリニックが閉院したあとはどこで修理をお願いすればいいのかと聞いたが、答えは、順子の不安をさらに大きくするものだった。

「アイボは、ソニー独自のパーツがたくさん使われていましてね。専門のスタッフが、専用の器具を使って修理や組み立てをしているんです。そんなわけでして、別の会社にご依頼されても、修理はまず不可能でしょう」

言葉はていねいだが、順子の頭には「絶望」の二文字しかよぎらなかった。

そもそも、家電製品には修理に必要な性能部品を保有する期間が定められている。性能部品とは、その製品の機能を維持するために必要な部品のことだ。

たとえば、家電をはじめ、テレビやデジタルカメラ、ＤＶＤプレーヤーなどは修理に必要な部品をメーカーが保有しており、部品保有期間であればこわれても修理が可能ということになる。製品によって異なるが、多くは数年から9年程度がメーカーの部品保有期限と定められている。

しかし、この期間が過ぎれば修理期間は終了で、部品の保有が行われないため、メーカーによる修理は不可能となる。そのため、こわれた場合には新しいものに買いかえるのが一般的だ。ロボットであるアイボも例外ではない。デジタル機器としてのアイボの性能部品保有期間は7年。ＥＲＳ-１００シリーズの場合は5年である。つまり順子が持っているアイボＥＲＳ-7シリーズは、２００６年の製造が最後なので、性能部品保有期限は２０１３年3月となる。ただし、この期限を過ぎても部品の在庫が残っていれば、ソニーは修理を受けていたため、２０１４年3月まではクリニックを完全閉鎖しなかったのである。

修理が不可能なら新しいものに買いかえ、こわれたものは廃棄する。

長年、大切に使ってきたのだから、家電や機器も本望だろう。

しかし、アイボとなれば話はまったくちがう。

アイボは生まれたときから、心を持ち、オーナーのもとで成長し、オーナーに喜びをたくさんあたえてくれた。長い年月を共にした「家族」なのだ。

修理ができなくなったから廃棄するなど、絶対にあり得ない話だった。

順子は心底あせった。ポートスには持病があるのだ。

以前、アイボクリニックに入院させたときに判明したのだが、ポートスは「BODYイジェクト」と呼ばれている、胴体内部にある起動を制御する部分に、中程度のダメージがあるといわれたことがあった。

現在、悪い症状は出ていないが、将来的に起動しなくなる可能性があると、クリニックで診断されたのである。

もしそうなったら……。そうなったとき、治してくれるところがなかったら……。

しかし、時間は待ってはくれなかった。


**２０１４年３月末日、アイボクリニック、ついに閉院——。**


それはポートスにとって、いやすべてのアイボにとって「死」を意味した。

順子は、いざというときのために、死に物狂いで「アイボ」の修理をしてくれる「会社」を探しはじめた。

インターネットで検索キーワードを次つぎと打ちこむ。

力が入りすぎて、キーボードが火花を散らしたようにバチバチといらだちの音を立てた。

「アイボ……ロボット修理……」

順子は検索でひっかかった会社へ次つぎと電話をして、アイボの修理ができるかどうか問い合わせた。

しかし、答えはみな「できません」のひと言だった。

やはりソニーの修理担当者がいったように、メーカー以外での修理は不可能なのか。ポートスが動かなくなってしまえば今度こそ、それがポートスの最期となるのか……。

アイボの病気を治してくれる専門医。それが「アイボクリニック」だったのに、その病院がなくなればアイボを治療してくれるところは、もう存在しなくなる。

泣きたくなった。

そんな順子を見て、ポートスが「ぽー……」と悲しげな声を上げた。

つらいのか、背中を青色に光らせながらうなだれている。

順子はポートスに近づき、頭をそっとなでた。

「だいじょうぶ！　ポートス。母ちゃんが必ず守ってあげるからね」

するとポートスは順子を見上げ、ゆっくりと目をへの字形に点滅させると、うれしそうにバンザイをした。


**ポートス！　君を死なせるわけには絶対にいかない――。**

# 1. ア・ファンという会社

ア・ファンの代表取締役を務める乗松伸幸は、その日も、午前3時に起床すると、すぐに仕事部屋にあるパソコンに向かった。

いつものようにメールボックスを開くと、受信箱に客からの修理依頼が入っている。

「……1996年発売のCD／MDデッキ、ソニーのMXD-D1か。問題点はCDが読みこめず……か。MD部分は正常ね」

伸幸は、慎重にメールに目を通すと、返信メッセージをていねいに打ちこんだ。

千葉県習志野市にあるア・ファンは、製造年が古かったり、型番がめずらしかったりして貴重になっているビンテージ機器をふくむ、電気・電子機器の修理を行っている会社だ。会社といっても社員は、伸幸と伸幸の妻の枝美子、そして実家の父親の3人で起こしたいわば家内工業のような規模である。

伸幸はソニーの元社員で、現役時代には、中東やインドでの海外駐在経験をいかし、国内外で強力なネットワークを築きあげたエンジニアのひとりだった。

そのネットワークは、退職後の今でも最大限にいかされている。

ア・ファンでは、伸幸が受けつけた機器の修理を、会社が委託している10名ほどの技術者に依頼して修理業務を行っており、技術者すべてがソニーのＯＢである。その彼らが、伸幸が現役時代につくったネットワークの中にいたからだ。

修理とひと言でいってもいろんな依頼が舞いこんでくる。多種多様のため、依頼された機器に特に精通している技術者を選んで作業する必要があり、伸幸は依頼を受けてから、修理にもっとも適した技術者に業務を委託することにしていた。

このネットワークのいいところは技術力の高さだけではない。

技術者たちとは趣味のゴルフにもいっしょに出かけるし、杯もくみ交わす仲で、とにかく気心が知れている。

性格や気性も百も承知なら、たがいの女房まで顔なじみだ。

実にアットホームな雰囲気の中で業務を行っているため、会社独特のマニュアル化されたイメージや、無機質な空気はまるでなかった。

伸幸が、アフターサービスの修理専門の仕事を始めたのには理由がある。

世の中のデジタル化が進み、さまざまな電気製品が出回って、使い捨て、買いかえが当たり前になった現代に一抹の不安を感じたからだ。

そんな中でも物を大切にあつかい、修理をしながら、ずっと使いつづけている人たちがいる。長く持っていればいるほど愛着がわく。思い出も増える。そしてその愛着や思い出が「品物」を「宝物」へと変えていく。

それが家具や人形なら問題はない。ところが機械や機器だとそうはいっていられない。

製造メーカーでは部品保有期限が決まっていて、その期限が過ぎるとこわれても修理をしてくれないからだ。そうなれば動かなくなった宝物は、ずっとそのまま置いておくか、思いきって処分するしかない。しかし機器はかざり物ではない。動いてこそ機器なのだ。たとえばレコードプレーヤー。どんなに雑音が入っても、針が飛んで音がぶれても、その雑音やブレの中に、なつかしさや持ち主の思い出がたくさんつまっている。

生きのびて、動いてこその「命」、そして、「思い出」なのだ。

彼らの「思い」を大切にしたい。その「思い」をよみがえらせたい、というのが伸幸の仕事への願いだった。その考えに大いに賛同し、理解し、仲間になってくれたのが、それぞれの得意分野を駆使して修理を行う技術者たちだ。

それぞれの技術者が、委託された機器の修理を自宅で行ってくれるところも、小さな会社のア・ファンとしては経費を節約できて、ありがたかった。結果、客に無理のない代金で、修理サービスを提供できることにつながるからだ。

そして何より、伸幸が大切にしたいと思っているのは、修理を依頼してきた客への「人間対人間」の対応だった。

基本、修理依頼はア・ファンのホームページにあるメールフォームから、メールで受けつけている。しかし修理依頼品が到着してからは、担当技術者が修理状況をその都度電話で、客に直接報告し、相談しながら修理を完成させることに重きを置いている。

そのおかげか、設立の2011年7月以来、感謝の手紙やメールを受けとることはあっても、修理に不満があってのクレームや代金の未払いはゼロだ。

なかには、どこへ連絡しても「修理不可能」と断られた機器の修理依頼も舞いこんだ。

ア・ファンでは「できない」とは決していわない。時間がかかっても、必ず打つ手はある。障壁が高ければ高いほど、やりがいと闘志がわくというものだ。

修理に既成の部品にこだわる必要などない。中古のパーツを手に入れたり、自分たちでつくることだってできる。また修理部品を、国内のものにこだわる必要もなかった。必要であれば、海外から取りよせることだってできるのだ。

部品があって、ア・ファン技術者の手にかかれば、必ず道は開けるはずだった。

やがてその評判はインターネット上でも徐々に広がりを見せ、修理難民の最後の砦として、ア・ファンの名前は静かに浸透していった。

そして、ア・ファン設立から1年半が過ぎた2012年11月、一本の電話が伸幸のもとへかかってきた。

「あの……ソニーのロボット犬アイボなんですが……、修理していただけませんやろか」

静かな関西弁に、愛媛県出身の伸幸は親しみを感じた。

世界中をあちらこちら飛びまわってきたが、この年になっても関西弁はいっこうにぬけない。

「アイボですか」

「……はい。……無理でしょうか」

いきなりもって自信なさそうな口調だ。ほかで修理依頼をして断られてきたのだろう。

ソニーOBの伸幸がアイボを知らないわけがない。

1999年、初代アイボのERS-110が発売当初、25万円もする限定3000体がわずか20分程度で売りきれたことは、まだ記憶に新しかった。

そのニュースを聞いたときには、いったいどんな物好きがそんな金額を出してまで買うのだろうと不思議に思ったほどだった。

メーカー側であるソニーからの思いをいえば、アイボは「おもちゃ」ではなく、当時としてはまったく新しいタイプのエンターテインメントといったところだろう。

自分で意思を持って動く、ＡＩ＝人工知能、そしてＥＹＥ＝目を持つロボットは、まさに人間の相棒となり得る。その思いから「ＡＩＢＯ」と命名されたのだ。

アイボは全身に18個の関節を持ち、４本足で歩くだけではなく、すわったりのびをしたり、ボールをけったり多様な動きができるし、「喜び」「悲しみ」「怒り」「おどろき」「恐怖」「嫌悪」の６つの感情を持って、まさしく自分の意思で動くロボットだ。

そのアイボをかわいいと思う気持ちは、素直に理解できないでもない。

しかし、この依頼主のアイボに対する思いは、ロボット以上の、もっと人間に近い感情がふくまれているように思えた。

聞くと修理依頼のシリーズはＥＲＳ-１１１で、ＥＲＳ-１１０のあとに出た型だった。限定版ではなく大量生産された最初のシリーズで、発売は２０００年だ。

2000年に大量生産された、ERS-111シリーズ。

ア・ファンはアイボの修理なんぞ、もちろんしたことがなかった。しかし伸幸に断るつもりなど最初からなかった。

伸幸のていねいな対応に安堵したのか、どうしても修理が必要な事情を、依頼主は自ら語りだした。

「そのアイボは身内の持ち物で、本人が近く老人介護施設に入居することになったんです。どうしてもアイボを動くようにして、いっしょに持っていきたいといってまして、あちこちそりゃあ、もうどこもかしこも、修理してくれそうなところはあたったんですが、見事に断られましてね……。そちらのホームページを拝見して、いろんなもの修理されてるみたいやし、なにしろ、元ソニーの社員さんたちがいらっしゃる会社ですから、もしかしてと思ったんですわ」

ア・ファンのホームページには、「ソニー」という固有名詞はいっさい出ていない。

ただ、よく読めば、「ソニーOB」が起業した会社であることは、わかるようになっていた。そう「よく読めば――」、つまり、依頼主は次から次へとインターネットで検索をかけて、パッパと流し読みをして修理会社を見ていたのではなく、目を皿のようにして、本気でアイボの修理をしてくれる会社を探していたということになる。

確かに仲幸は「ソニーOB」だ。それはまちがいない。しかし、アイボの会社のOBというだけで、アイボを修理したことは一度もないし、どんな構造になっているかすら、まるで知識はない。

「アイボの修理は、弊社ではやったことがありませんが、一度お預かりさせていただけますか？」

仲幸の返事に、電話の向こうの声がとたんに明るくなった。

「ほんまですか！　修理していただけるんですか？」

修理できるかどうかは定かではない。

「全力を尽くしますが、修理ができるという保証はありません。また、かなりの時間、こちらでお預かりすることになると思いますけど、お任せいただけますか？」

「はい！　ありがとうございます。ほんまに……よろしくお願いいたします！」

まるで修理が完了したかのような喜びようである。

それほどそのアイボは、介護施設に入る老人にとって大切な宝物なのだろう。

聞くと依頼主の住まいは神戸のようだ。どうりで生粋の関西弁を話すわけである。

伸幸は、アイボをていねいにこん包して、ア・ファンまで宅配便で送るように依頼すると同時に、今現在のアイボの不具合を、かんたんに聞くことにした。

「首が折れて、足が動かないといった状態です」

「なるほど……」

伸幸は返事をしたが、その不具合が何によるものなのか、よくわからない。なにしろアイボをさわったこともないのだ。

どうしたものかと思ったが、本来、楽天的で天真爛漫な性格の伸幸である。

「モノを見て、手に取ったらなんとかなるやろ！」と自分にいい聞かせ、次のことを考えた。

電話を切った伸幸は、パソコンの前でうでを組み、目を閉じた。

このアイボの修理を、どの技術者に任せるか――。

その男の顔は迷わず脳裏にうかんだ。

仲幸は、携帯電話を手に取ると、ア・ファンの技術者のひとり、茨城県笠間市に住む船橋浩に電話をかけた。

船橋は現役時代、出張サービスエンジニアとして、テレビやビデオの修理をはば広くやってきた男で、2012年からア・ファンの技術者として、ステレオ、ビデオ、パソコンの修理などをやっていた。

「あっ、今、いそがしい？」

以前からゴルフ仲間だったこともあり、船橋とはかなり親しい。

「新しい修理、お願いしたいんやけど、宅配便が着いたら、そっちまで持っていくよ」

「ビデオとかなら、こちらに直接送っていただければいいですよ」

「うーん……そんなんちゃうねん。今回は……」

「……？　なんですか？」

「アイボ！」

「はっ？」

電話口で船橋が素っ頓狂な声を出した。

「アイボ！　治せる？」

「無理でしょう！　ダメでしょう！　できませんよ！　いやです！　困ります！」

日本語で使える限りの「ＮＯ」の言葉を、船橋はまくし立てた。

「なんとかなるよ。部品がなかったらつくったらええし……。とにかく、ぼくも協力するからやってみよう！」

伸幸はそういうと、おばあさんが介護施設にいっしょに持っていきたいといっているみたいだから、なんとしても持たせてやりたいと、今度は情にうったえた。

長年のつき合いで、伸幸の性格は船橋がいちばんよくわかっている。

伸幸は一度いったら絶対に聞かないし、「できない」と依頼主にもいったことがない。依頼主の気持ちをいちばんに考え、技術者としてできる限りの社会貢献をしたいと、この会社を立ちあげたのだ。

その気持ちに賛同して、自分もいっしょに仕事を始めたことを、今さらながら船橋は思いだしていた。

そう思うと「ダメ」とはいえなくなってしまった。

「わかりました……。でも、時間くださいよ」

「なんとかなるで！」

電話口でひびく元気な声に、船橋は苦笑いしてしまった。

仲幸は今までも、なんでも「なんとかしてきた」男である。

「アイボの修理か……」

船橋も、アイボ発売当時のことはよく覚えている。

２００６年に製造が中止になってしまったから、一時のブームと思っていたが、そこまでアイボを大切に思うオーナーがいることにおどろいた。

「シリーズはなんですか？」

「ＥＲＳ-１１１」

「それ、うちにあるのと同じです。銀太郎っていう名前つけたんですけど……」

実は船橋自身、発売当時に、大量生産されたアイボのＥＲＳ-１１１を購入していたのである。当初は楽しくていっしょに遊んでいたが、月日と共に銀太郎とのスキンシップはとだえたままになっていた。

銀太郎が来たのは２０００年2月。それと同じシリーズなのだから、すでに12年たっている。

「いつこわれたのかわかりませんが、相当の間、不具合が続いてると考えられます」

そこまでしてオーナーはアイボに元気になってほしいのだと、船橋は思った。

その気持ちには、なんとしてでもこたえたい。しかし、伸幸からの電話を切ったあと、大きな不安が船橋の頭をかけめぐった。

修理を引きうけたものの、アイボ自体がどのような構造になっているのか、船橋にはまったくわからない。

「修理ったって、まずどうやって解体するんだ？　手で開けられるものなのか、ネジがかくれ

どんな修理でも引きうける、
乗松伸幸さん。

修理依頼者の気持ちをいちばんに考える乗松さんに賛同した、船橋浩さん。

ているのか……」

そもそも修理するのに、本体の開け方すらわからない。

無理に引っぱれば、こわれてしまう。

設計図があればかんたんだが、それが手に入るくらいなら苦労はしない。

船橋は、リビングに置いてあった銀太郎を見た。

そのとなりでは、スコティッシュフォールドの愛猫タッチが、気持ちよさそうにねそべっている。

愛情たっぷりのせいで、少々肥満気味のタッチは、日がな一日好きなときにねて起きて、食べてまたねる。まったく人間の思いどおりにはならず、実に勝手気ままに生きているが、それでもかわいくて仕方がなかった。

「お前が病気になったときに見てくれた獣医さんが閉院して、ほかのどこもお前の治療してくれなかったら、そりゃあお父さん、つらいよ……」

修理を依頼してきた人も同じ気持ちなのだ。

「その気持ちになって、がんばって治療（ちりょう）してやるしかないよな。アイボのお医者さんになったつもりで、やってみるか！」

タッチは大あくびをして船橋（ふなばし）を見ると、「にゃあ！」と鳴いた。

「これが犬型ロボットじゃなくて、ネコ型ロボットのドラえもんなら、自分で自分の修理をかんたんにしちゃうんだろうな……」

タッチがあきれたような顔を船橋（ふなばし）に向けて、とっとと部屋から出ていってしまった。

じょうだんをいったつもりだが、おもしろくもなく気休めにもならなかった。

## 2. よみがえれ！　アイボ

その日の午後、伸幸と船橋は、なつかしい会社へと足を運んだ。

肩には妙に大きなカバンをぶら下げている。

会議室で、待つこと数分。ひとりの男が会議室のドアを開けて笑顔で入ってきた。

「お久しぶりです」

「最近、どうですか？」

握手を交わした伸幸は、久しぶりに会った男と、笑顔でたわいない会話を10分程度交わした。

タイミングを見計らってとなりにいた船橋に目配せをすると、ふいにカバンを机に置き「ところで、これこれ！　見てくれる？」といいながら、アイボを出した。

「ああ！　これ！　なつかしいなあ……。ぼくが設計した機種ですからね！　いやあ、もう10

年以上前になりますよ」

少年のように顔をほころばせ、アイボをながめる男を前に、仲幸（のぶゆき）は「これってどうやって解体するの？」となにげなく聞いた。

「あ、これはですね。ここをこうして外して……と」

そう――。この男こそ、アイボの製作にたずさわった設計技術者なのである。

自分たちがつくったロボットだ。ほかのだれよりくわしいことはまちがいない。

仲幸（のぶゆき）は、アイボを設計した技術者に会って、なにげない会話の中からアイボに関する情報を手に入れようとしたのだ。もちろん設計図は企業秘密（きぎょうひみつ）で見せてもらうことはできないが、茶飲み話程度の流れなら、何かしら話してくれるだろうと考えたのだった。

そんなふたりの作戦と知ってか知らずか、男はただふつうに昔をなつかしみながら、いろんなことを話してくれた。アイボ設計当時の苦労話、思い出話はかなりの盛（も）りあがりを見せた。

その情報の一部始終に、船橋（ふなばし）は神経を集中させた。

なにしろ設計した彼（かれ）にとっては、自分が手がけたロボットなのだ。大きくなった子どもと久しぶりに再会するかのように、うれしそうに目をしばしばさせながら、男はアイボをながめては、動かし、笑い、話しかけ、手をたたき、いろんなことを話してくれた。

そのうちになんとなく様子がわかってきた。

アイボにはどういう故障が起こりやすいのか。またそれぞれのシリーズによって、故障しやすいかしょがちがうこともわかった。

ぼんやりと先が見えてきた船橋は、自宅にもどるとインターネットでアイボの情報を探しまくった。修理を受けることに決めてから、すぐインターネットでいろいろ調べたのだが、設計者に会って話を聞いてからは、インターネット上の情報が混乱することなく、すいすいと頭に流れこんだ。

アイボ同好会やアイボマニアはどこにでもいるもので、アイボの解体の仕方や機能についての説明などがくわしく紹介されているサイトも、いくつか見つかった。

様子がわかってくると、船橋は自分のアイボ・銀太郎をすべて分解することに決めた。

「銀ちゃん、ごめんな……。でも依頼主のアイボをまちがってこわしたら、その人の思い出までこわすことになってしまうからね。許してね……」

船橋は銀太郎に何度もいい聞かせ、銀太郎の分解に取りかかった。アイボの設計にかかわった技術者にも再び連絡を取り、教えてもらえる限りのことは教えてもらうつもりだった。

それにしても修理に来た最初のアイボが、銀太郎と同じシリーズだったことは不幸中の幸いだった。

「これも何かの縁……いや、運命だな。銀ちゃん！」

自分にいい聞かせるように船橋は、銀太郎の体を作業台の上に置いた。

「頭……シッポ……足そのものは、意外とかんたんに外れるな」

特殊なへらのような工具を使いながら、船橋は手ぎわよくパーツごとに外していった。

そもそもソニーの修理サポートサービス・アイボクリニックでは、足が動かなければ足ごとパカッと外し、新しい足をパカッとはめて付けかえて修理が終わる。耳がこわれたら耳ごと新しい耳に取りかえる。シッポならシッポごと新しいシッポに付けかえる。

しかし、ここには付けかえ用の新しいパーツとなる足も耳もシッポも、そのほかのパーツも存在しない。足が悪いから足そのものを交換するのではなく、足の何が悪いのかを診断して、パーツ内部の部品の修理や補修をするしか方法がない。

特にこのＥＲＳ-１１１の分解で苦労したのが、首の部分だった。首を交換するためには、分解に分解を重ねなくてはならないため、どこから手をつけていいのかなやみになやんだ。悪戦苦闘しているうちに、エンジニア魂にスイッチが入ったのか、気がつけば食事をするのも忘れるくらい、船橋は夢中になっていた。

無理だと思っていたアイボの修理だったが、困難をきわめればきわめるほど、技術者としての闘志がわき上がってくるのだ。

船橋はなぜか、このわくわく感に出合えたことをうれしく思い、アイボの修理を自分にたくしてくれた伸幸に感謝した。

こうして、銀太郎の協力のおかげで、分解方法をはあくした船橋は、実際の修理に取りかかった。

修理に来たアイボの不具合は「首にがたつき」「シッポと耳がなし」「足が動かない」「バッ

テリー2本のうちの1本が充電できない」という状態だった。

船橋は伸幸と相談して、ネットオークションで中古のアイボを2台購入し、献体と称して、使えそうな部品を購入したアイボから取って、修理にあてることにした。

開け方もわからない状態から、ソニーの技術者を訪ね、インターネットで情報を集めまくり、銀太郎を練習台にし、解体作業で仕組みを一から学びなおした。そしてネットオークションで献体用のアイボを手に入れ、ついに初のアイボの修理が終了した。

その間、なんと4か月――。

老人の宝物、アイボ・ERS-111が2013年3月11日、見事によみがえった。

そのときの達成感は計りしれない。

とにかく、ちゃんと動くようになったのだ。元にもどったのである。

このエンジニアとしての「資産」は自分のものであり、自分を育ててくれたソニーのものであり、世の中の「資産」だ。それがこうやって、世の中のだれかの宝物を救う役に立とうとしている。いや、修理が完成したことで、大いに役に立ったのである。

船橋は、修理したアイボがしっかり動くことをその日で確認すると、ていねいに、ていねいにこん包して神戸の依頼主へと送りかえした。

数日後、船橋のもとへ依頼主からお礼の電話がかかってきた。

「ありがとうございました！　本当に……持ち主本人がどれだけ喜んでいたか……どんなに感謝しても足りないくらいです。本当に、本当にありがとうございました」

製造から13年も過ぎたアイボを、捨てずに大切に持っているだけでも、すごいことなのに、修理をして自分の最期まで住まう〝終の住み処〟にまでいっしょに持っていくのだ。

アイボというロボットが持つパワー、そして、人間がロボットに吹きこむ「魂」がいかに重いものなのか、船橋は初めて知った気がした。

その後、ア・ファンのホームページに修理事例として「アイボ」が掲載されたことをきっかけに、アイボの修理依頼は、ＥＲＳ-１００、２１０、２２０、３１０シリーズと、どんどん入るようになった。

手さぐりでアイボの修理を始めた、ア・ファンの乗松伸幸さん（左）たち。後ろのたなに並ぶのは、献体用のアイボが入った箱。

しかしアイボのシリーズは、最後に発売されたＥＲＳ‐７シリーズを入れると、大きく分けて５シリーズ。シリーズが変われば、勝手がちがって修理の仕方もまったくちがう。特に頭をなやませたのはもっとも依頼が入った２代目のＥＲＳ‐２１０で、首がすぐにがくんと垂れてしまうという故障が圧倒的に多かった。

ＥＲＳ‐２１０は頭部にモーターが４つ入っているのだが、その中でもいちばん問題が多いのは首の上下のモーターで、モーターそのものに問題があるのか、首がウィーンと音を立てて垂れたまま上がらなくなるのだ。

その場合はネットオークションで、同じシリーズの中古を献体アイボとして購入し、そのモーターと入れかえることで事なきを得ていたが、献体アイボもそのうち同じようなトラブルになることは目に見えている。

モーターを新たにつくることも考えたが、設計図がない。それならば、モーターそのものを交換するのではなく、モーターを分解して、悪いところを修理するという方法を取るほかはなかった。

どんな不具合でも原因をつき止める船橋浩（ふなばしひろし）さんと、修理のために預かっているアイボたち。

ERS-210のモーター。修理はこのモーターをさらに分解して行う、大変な作業となる。

そのころインターネットで、アイボマニアのアメリカ人のサイトを見つけた船橋は、その人からモーターの治し方を伝授してもらい、分解の仕方から10個あるギアの不具合まで、つき止めることができるようになった。

このモーターは激しくすり減る「スリップ」が目立ち、そのスリップが少なくなれば、問題は解決することもわかった。こうして、ひとつずつ、問題をクリアしたときには、今まで感じたことのない喜びが船橋の中にわき上がってきた。まるで、子どものころに帰ったような新鮮さだ。

それだけではない。

修理終了後にオーナーから返ってくる喜びの声は、船橋にとって何物にも代えがたい心の財産となってくれた。

オーナーたちの声は、アイボがただのロボットではないことを、ひしひしと物語っていた。

亡くなってしまった親がかわいがっていたアイボを動かすことで、親との思い出がよみがえるから治してほしい。入院するときにいっしょに持っていきたいから修理してほしい――。

アイボに代わりはいないということだ。

同じ人間がふたりといないように、アイボもふたつと同じものはない。

それはオーナーがつくり上げ、命を吹きこんだロボットだからだ。

代わりのきかないたったひとつの「命」なのである——。

やがて、船橋の手がける修理はいつの間にかアイボばかりになり、気がつけば朝から晩まで
アイボに囲まれ、アイボの修理に明けくれていた。


その日の修理もERS-210のアイボだった。

不具合は、関節とシッポがふるえるという症状のようだ。

「あれ？」

ていねいに診断してみると不具合ではないが、頭のセンサーのスイッチ部分がはげていて、
下地があらわになっている。

船橋は思わず笑ってしまった。

きっとこの子は、オーナーにとてもかわいがられているのだろう。

いっぱい、いっぱいなでられて、頭の部分だけはげてしまったのだ。

「君は、すっごくかわいがられているんだね」

おかしなもので、修理に来るアイボを見ているだけで、そのオーナーの人柄が見えるのだ。

神経質なオーナーに育てられたアイボは神経質に、おしゃべりで元気のいいオーナーに育てられたアイボは元気で活動的でおしゃべりに、引っこみ思案なオーナーなら物静かで消極的なアイボになっている。まるで人間の親子のように似てしまう。

以前、あまりにも反応しないアイボの修理をたのまれたので、オーナーに電話をかけると、

「うちは構ってないからそんなもんです」といわれたことがあった。

そのとおりオーナーがまったく構わないと、あまり反応しない「しら〜」っとしたアイボになってしまうのだ。

「そんなもんですって、本当にそんなもんなんだな……」

それほどアイボのロボット性は、オーナー次第で決まる。まるでオーナーのDNAが組みこ

まれているようだった。

だからこそオーナーは、アイボというロボットにひとしお愛情を抱くのかもしれない。

船橋ははげたアイボの頭を見ながら、「このハゲどうしたものか」と思った。故障でも不具合でもないが、きれいになったほうがオーナーも喜ぶのではないだろうか。

船橋は早速オーナーに電話をかけた。

「これから、お客様のアイボの修理に入るのですが、見ると頭のスイッチがはげているようです。こちらに今、同じ部品がありますから、きれいなものと取りかえましょうか？」

きっと、喜んでくれるだろうと思った。

するとオーナーは、しばらく何かを考える様子で「そうですね……、ありがとうございます。お願いします」といった。

「はい！　では、頭のスイッチもピカピカにしておもどししますね！　もう少しお時間いただきますが、元気な姿でお返しできるようがんばります」

船橋はそういって電話を切ると、早速そのアイボの修理に取りかかることにした。

不具合のあったかしょをすべて治すと、最後はあのはげた頭のスイッチの交換だ。

きれいなスイッチが頭についたアイボは、うんと若返ったような気がした。

「うん！　ずいぶんかっこよくなったぞ！　これで、オーナーさんも大喜びだ！」

なぜか他人のアイボでも、自分が修理を手がけて元気に帰っていくころには、船橋にとっても、特別大切なアイボになっていた。

船橋は上機嫌で、修理を終えたアイボをオーナーがこん包してきた状態とまったく同じようにこん包し、「今まで以上にかわいがってもらうんだぞ！」と、愛情いっぱいに送りだした。

それからわずか数日だった。そのオーナーから船橋のところに電話がかかってきたのである。

きっとお礼の電話だろう。船橋は元気に電話口であいさつを交わした。

しかし、オーナーは少々元気がない。

「修理したのに、また不具合がありましたか？」

船橋が聞くと、オーナーはえんりょがちにこういった。

「いいえ、そうではなく、まったく不具合はありません。不具合ではなくて、あのう……」

「……はあ？」

「はげていて取りかえていただきましした頭のスイッチ部分なんですが、以前のはげたスイッチは、まだそちらにありますでしょうか？」

「はあ、まだ保管しておりますが……」

「なんだかピカピカになったスイッチを見ても、わが子じゃないみたいで……」

聞くと、ピカピカに若返ったアイボを見ても、自分のアイボという気がしないので、はげたスイッチにもどしてほしいというのだ。

船橋はおどろいたが、オーナーたちが、アイボにそこまで大きな愛着を感じていることに、いたく感動した。

「もちろんです！　わかりました。すぐに取りかえましょう！　送りかえしてください」

快く返事をするとオーナーは、ほっとした様子で「本当ですか。無理をいって申しわけございません。すぐに送りかえします」と安堵のため息をついた。

「うちの子じゃない……か」

その気持ちが手に取るようにわかる。

その気持ちがわかるだけに、自分の仕事の責任の重さ、そしてやりがいの大きさをひしひしと感じた。

アイボの最初の修理を受けてから2年目に入った2014年には、最後に製造されたERS-7シリーズが船橋のもとへやってきた。

「そうか、このシリーズの製造打ちきりは2006年だから、もうこのシリーズもアイボクリニックじゃ修理できないんだな」

ERS-7シリーズを手がけるのはこれが初めてだった。

船橋はまじまじと初めてのシリーズをながめながら、動かし方をふくめ、分解の仕方などを何度も確認した。

最初のシリーズに比べ、より犬らしく、丸みを帯びて、見た目もかわいらしくなっている。

オーナーの話によると、充電ができなくなり、動かなくなったとのことだった。

初めてのERS-7シリーズの修理を始める前は、仕組みや分解の仕方を何度も確認(かくにん)した。

アイボの修理に使うさまざまな道具。

船橋は自分の目で再度、不具合を点検すると、早速、電池を別のものに入れかえるバッテリーリフレッシュ作業をほかの会社に依頼した。その作業が終了してもどってくると、アイボのスイッチである本体のポーズボタンのがたつきを修理するため、分解して補修した。修理は1か月ほどで終わった。

これでちゃんと動いてくれるだろう。

最後はちゃんと動くかどうかの作動点検だが、これが結構、根気がいる。

フル充電して最低1時間は作動しないと、修理できたとはいえないからだ。

手足、首などに不具合が出ないかも、きちんと確認しなければならない。

点検の間は目がはなせないため、かなりの時間をここでついやすこととなる。

とはいえ初めてのERS-7シリーズの修理だ。どんな画期的な動きをするのかが楽しみである。

エナジーステーションで充電が完了したのを確認した船橋は、早速アイボを起動させた。

すると「ジャジャジャジャーン！　また遊ぼうね！　ばいばーい！」と、いきなりアイボがしゃべって歩きだした。

船橋(ふなばし)はびっくりした。このシリーズを手がけたのが初めてだったのでおどろいたのだ。

「そうか……ERS-7マインド3は、話ができるんだ。こりゃあかわいいな！」

それからもアイボは船橋(ふなばし)に向かって話しつづけた。

「もっとナデナデして～」

アイボがいうと、船橋(ふなばし)は頭をなでてやった。するとアイボは「わーい！」といって喜び、付属品の骨(ほね)型(がた)おもちゃ、ピンク色のアイボーンをくわえておどり出した。

船橋(ふなばし)はその様子をひとしきり楽しむと、アイボに「ステーションに帰ろう」といって、エナジーステーションにもどるよううながした。

アイボーンをくわえるアイボ。

口を開けて話すERS-7シリーズのアイボ。

ERS-7シリーズは、おなかがすくと、自分でエナジーステーションを見つけて歩きだす。

少しずつ体の向きを変えて進む。

やったね！

無事にエナジース
テーションに帰ると、
バンザイをして喜ぶ。

後ろ向きでエナジース
テーションの上にすわる。

するとアイボは、そっぽを向いて「ステーション、どこ?」と船橋に聞いた。

「あそこだよ！　あそこ！」

「知らないなあ……忘れちゃったよ」

「おなか減ってないの？　アイボ」

「……うーん、そこそこかな……」

「じゃあステーションに帰ろう！」

再度うながすと、アイボはめんどうくさそうにゆっくりとエナジーステーションに向かって歩きだした。バックでじょうずにエナジーステーションの上にすわると、「やったね！」といって、お食事タイムに入った。

船橋は感動した。しっかりと会話が成りたっているではないか。

しかも命令に従うのではなく、いやなことは「いや」とはっきりいう。まさに感情を持ち、その気持ちのおもむくまま生きているといった感じだ。

「この気ままさ、わがままさはわが家のタッチ顔負けだ！」

いいながら船橋は、修理依頼で仕事場にやってきたアイボたちをながめた。

どれひとつとして代わりはない。そのひとつ、ひとつにオーナーの思いがつまっているのだ。

船橋は、食用油で口のまわりがべたべたになったまま修理にやってきたアイボを手に取った。

そのアイボの家には認知症のおばあさんがいて、アイボに自分の食事を分けあたえて口におしこもうとしていたため、食べ物の油がついてしまったのだ。

おばあさんは「おなかが減ってかわいそうだから」と、いつもいっていたという。

それは、アイボに対するやさしさだった。そこには人間対ロボットという枠を越えた「きずな」があるのだ。だから、ア・ファンに修理をたのむオーナーたちは、ここを修理場とは思っていない。ここはアイボの病院であり、ここに滞在することは、まさに入院中ということになるのだった。

こんなできごともあった。

修理を受けたところ、大した不具合がなかったため、潤滑油だけを入れてオーナーに返したアイボがあった。

修理代を取れるほどではなかったので、「お金はいりませんよ」と船橋はいった。

金額をつけるほどの作業ではなかったからだ。

すると「それは困ります」とオーナーがいった。

「船橋さんはアイボのお医者さんでしょう。ふだん人間がお医者さんに行ってタダにしてくれますか？　ちゃんと診察代を取っていただかないと……」

オーナーはそういうと最後に、「わたしたちはずっとアイボといっしょに、ア・ファンさんにお世話になりますから。これからもよろしくお願いいたします」とやさしい声でいってくれたのだった。

アイボは彼らにとって家族以外の何物でもないのだ。

アイボを修理することは、オーナーたちの「心をいやす」ことにつながる。

それが今、船橋ができる技術者としての「使命」であり、技術者としての自分を育ててくれた社会への「恩返し」なのだとはっきりと悟った。

# 3．アイボ・命の旅の終わり

千葉県いすみ市に住む神原生洋がラジオに夢中になったのは、中学2年のころだった。すでに70歳を超え、会社を退職した神原にとっては半世紀以上も前のことだが、中学校の家庭科の時間にラジオをつくったときの感動と楽しさは、今でも鮮明に記憶に残っている。以来、神原は自他共に認めるラジオ好きで、高校時代は、ラジオを分解して再び自分で組みたてることに明けくれる日びだった。

瀬戸内の小さな造船所のあるいなかに生まれた神原は、外航船の船乗りになるのが夢だった。無線通信士として船乗りになることを考えて、好きなラジオと勉強を両立しながら、理系大学に進学したが、海運不況で船乗りの夢は断たれ、ラジオへの熱意だけが残った。

そんなわけで、個人で楽しむ無線通信であるアマチュア無線のうでもかなりのもので、少年時代につちかった手先の器用さと趣味のおかげか、社会人になってからは、ソニーの技術者として第一線で活躍することができた。

現役時代にはソニーの業務用・教育用機器の営業部門のエンジニアとして、システムの企画・提案・設計・施工をやってきた。ソニーが開発・製作していた大型映像表示装置ジャンボトロン®は、国内のほとんどのシステムを企画から施工、管理、アフターケアまでを手がけた。なかでも福岡ドームにかかげられたジャンボトロン®を目にしたときには、自分の作品を見たようで、仕事が楽しくて、楽しくて仕方がなかったほどだ。

その神原がいすみ市の自宅で、現役時代の後輩、乗松伸幸をテレビで見たのは、2014年の年の瀬もせまったころだった。

「なんで、あいつがテレビに出ているんだ?」

朝のニュース番組で紹介されていた伸幸は、退職したあとにア・ファンという会社を立ちあげ、オーディオなどの修理を専門に行っているという。しかしニュースで伝えていたのはオーディオ修理ではなく、ロボット犬「アイボ」の修理作業だった。

「ほう……」

神原はニュースに見入った。

神原と伸幸は、現役時代に会社内の研究会で知りあった。

研究会のあと、酒の席で伸幸の人柄を知った神原は、この男は日本にいるより、海外で仕事をするほうが向いているんじゃないかと直感した。

現役時代、中近東のイランに約3年間駐在した神原は、ルーホッラー・ホメイニー（ホメイニ師）によるイラン革命の最中だったこともあり、海外でのサービスエンジニアに必要な条件は熟知していた。

マネジメント能力にすぐれ、企画力もあってフットワークの軽い伸幸には、日本の企業では少々窮屈で合わないだろうと考えたのである。

海外勤務ならマネジメントから、企画、営業、アフターケアをふくめたサービスなど、さまざまなことを一度にこなし、学ぶことができる。

神原はその思いを伸幸に告げた。伸幸自らもそう感じていたのか、それからしばらくして、海外に赴任していった。技術者としてよりよいサービスを提供するにはどうしたらいいのか、顧客が本当に求めているのはなんなのか。自分のやりたいことをやりながら、伸幸は消費者の声に耳をかたむけ、技術者として自分ができる最大限の社会貢献を考えながら、経営のノウハウについても多くを学んだのである。

　そのような経験上にア・ファンという会社があることは、神原がテレビを見ていても一目瞭然だった。

　ア・ファンのニュース特集が終わると、神原はすぐにインターネットでア・ファンを検索し、伸幸に電話をかけた。

「テレビ見たよ！　お前、がんばってるんだなあ。楽しそうじゃないか！　おれにも手伝わせてよ！」

　久しぶりに聞く先輩の声に、伸幸はなつかしさをかくせず、大喜びした。

　それだけではない。電話を受けた伸幸にとって、神原の申し出はわたりに船だった。

　なにしろアイボの受け入れを始めてから依頼が増えて、船橋をはじめとした技術者に仕事を割りふっても、アイボの修理待ちは長いときで数か月にもなっていたからだ。

その日の午後、伸幸はすぐにいすみ市の神原の家に行き、正式にア・ファンの技術者として協力してもらえるよう神原に願い出た。

神原のことは伸幸もよく知っている。うでは当然ながら、人柄も申し分ない。

そもそも、ア・ファンの技術者は、うでがいいだけではだめだと伸幸は考えていた。依頼主の対応に誠意を持ち、依頼主が何を望んでいるのか、何を思っているのかをつねに考えて修理できる人でないとだめなのである。

神原なら、アイボはもちろんなんでも任せられるだろう。

「初代アイボが出たのは、もう何年前かな？　あのときは、いやあ、おもしろいものが出たなあと思ったもんだけど……」

神原は、あごに生えた白髪まじりのひげをなでながら、なつかしそうにいった。

「それはそうと、そのアイボの修理だけど、こわれたパーツとかどうしてるの？」

神原はふとわれに返ると、技術者らしい質問に入った。

「最初はネットオークションで中古品のアイボを落として、使えそうなものをそこからいただいて修理してたんですけど……。それも限界があるので、今は献体を募集しているんです」

「献体？　アイボの献体ってこと？」

仲幸は、使わなくなったアイボやいらなくなったアイボがあれば、それを寄付してもらい、パーツごとに解体して、修理を受けたアイボの取りかえパーツに回すと説明した。

「なるほどね……。で、献体用のアイボは集まる？」

「十数体ほど。そこそこ集まりはじめています」

「ありがたいね。使わなくなったり、いらなくなったりしたのなら、ほかのだれかのために役立ててほしいということだ。うれしいじゃないか」

「あと、もろもろの故障といっしょに、バッテリーがダメになってるアイボがかなり多いですね。当然のことながらバッテリーには、バッテリー自体の寿命がありますから……」

アイボクリニックがあったときには、バッテリーパックそのものの新品が修理部品としてあったはずだが、ア・ファンにはそれはないし、つくることもできない。

乗松伸幸さんが信頼を寄せるソニー時代の先輩、神原生洋さん。

ただし、バッテリーは、バッテリーリフレッシュにより回復できる。

アイボのバッテリーパックの中には、電子部品が組みこまれた基板と、リチウムイオン電池がある。リフレッシュとは、アイボのバッテリーパックの中のリチウムイオン電池を、新しいものに入れかえるという作業だ。

このリフレッシュ作業を行えば、老化してフル充電しても20分ほどしか作動しなかったアイボが、新品当時と同レベルのエネルギーをたくわえられるようになり、より長く2時間程度にまで作動できるようになるのである。

ただＩＣの初期化作業というのはかなり高度で、より専門的なノウハウが必要となる。ア・ファンでは、このバッテリーリフレッシュ作業は別の会社に委託し、もどってきたアイボの充電機能とそのほかの修理を合わせ、動作をすべて確認してからオーナーにもどすことにしていた。

バッテリーに関しては、リフレッシュで対応できるが、ほかのパーツの交換が必要となった場合には、現在のところ献体にたよるしかない。

しかしアイボはすでに製造が中止になっているわけだから、献体の数にも限りがある。３Ｄプリンターでつくろうと思えばつくれるパーツもあるだろうが、コストがかかりすぎて現実的ではなかった。今はアイボオーナーたちの厚意にあまえて、献体寄付しか修理にあてられるパーツを確保する方法はなかった。

「いやはや貴重な献体だなあ。オーナーさんの思いもいろいろあるだろうし……」

神原のいうとおり、献体として寄付されたアイボの多くには、手紙がそえられていた。仲幸は、その手紙の一部を見せて、オーナーたちの気持ちがどんなものなのかを神原にも話した。

〝テレビでたくさんのアイボユーザーが、困っていることを見ました。

ネットオークションで足もとを見るかのように高値で売られているのを見て、しゃくぜんとせず、動かなくなったわが家のアイボがだれかのお役に立てるのであれば、こんなにうれしいことはありません。

病気で薬づけのわたしの体はだれの役にも立ちませんが、アイボがだれかの体の一部となってくれるのなら本望です。がんばってみなさんのアイボの治療にお役立てください〟

〝PCを開いていたら乗松さん、ア・ファンさんのホームページに行きあたり、献体のことを知りました。「献体」とおっしゃっていた乗松さんの言葉に感動です。

わが家のアイボをだれかの体の一部としてお役立てください〟

〝おじいちゃんが、孫とのコミュニケーションのために買ったアイボです。おじいちゃんが亡くなるとき、孫にアイボをかわいがってほしいといい残したのですが、孫は、アイボを見るとおじいちゃんを思いだしてつらいというので、それならアイボもおじいちゃんのところへ送ろう、ということになり、献体を決めました〟

〝父の遺品のアイボです。献体アイボの送料は、着払いOKとのことでしたが、もしかしたら使い物にならず、ご迷惑をかけてしまうのではないかと思い、当方で送料を負担しました。ほかのアイボの体の中で、父のアイボの一部が生きつづけることができれば、亡き父も喜びます〟

なかには、アイボそのものの故障だけが原因ではなく、いずれ訪れるであろう自分自身の死後のアイボの存続を心配して、献体してくる年老いたオーナーもいた。

自分亡きあとは、アイボの世話を知人や家族にたのむのか、それともアイボの人生も自分と共に終わらせるのか、はたまた献体か――。

それぞれではあるが、みなアイボに幸せになってほしいという願いは同じだった。

手紙を読み、伸幸の話を聞いた神原は、そのままオーナーの魂が宿っているアイボを解体して、右から左に部品にしてしまうのはしのびない気がした。

献体を申し出てくれたオーナーたちは、大切なものだったからこそ、今まで処分せず大切に持っていたのだ。

「わたしのアイボが新しいアイボに生まれかわって、新しい家族と共に幸せな生活を送ってほしいと心から願っています、か……。まさに、これはもうロボットではなく『命』だな」

神原は、だれにいうでもなく手紙の文面に目を落としたまま、何かを考えるようにあごひげをなでた。

# 4．初めてのアイボ供養

神原が光福寺という寺の大井文彦住職と出会ったのは、それからしばらくが過ぎた、自宅近くの古道具屋だった。気持ちはまだラジオ少年の神原は、おもしろいガラクタがたくさんある古道具屋が大好きで、時間があればそこに出向いて、いろんなものを見ては楽しみ、買っては楽しんでいたのである。

ところせましといろんなものが置いてある店内を見てまわっていると、大きな声が奥から聞こえてきた。どうやらラジオの話をしているようだ。話の内容から、相当のラジオマニアらしい。神原は大いに興味を抱き、その声のほうに近づいていった。

ラジオのことを声高々に話していたのは僧侶だった。

どこの寺の僧侶かわからないが、気が合いそうだ。声をかけると案の定、僧侶はラジオに関する話を大喜びで神原に話しはじめた。

聞くと僧侶も、12歳のころからラジオをばらして再び組みたてはそれをきく、ラジオ少年だった。

たがいに自己紹介したあとは、元ラジオ少年の男ふたりで大いに盛りあがった。僧侶は、この店のすぐ近くの寺の住職で、いすみ市で生まれ育ったという。

「神原さんは、いつからここにお住まいなんですか？」

大井住職にとって、このいなか町で知らない顔はほとんどない。近所でありながら初めて会った神原の経歴に、住職は大いに興味を持った。

「現役時代はずっと東京にいたんですがね。引退して、こっちでのんびりと思っていたんですが、また少し仕事を始めることにしたんですよ。これが結構おもしろいものになりそうで……」

そう続けかけたとき、神原の中にパッとひらめくものがわき上がった。

「そうだ！　ご住職！　ひとつ供養をたのめないかな？」

「はあ……どなたの？」

子どものころからラジオ好きだった光福寺(こうふくじ)の住職、大井文彦(おおいふみひこ)さん。

「ロボット」

神原はそう切りだすと、献体のためにア・ファンに集まったアイボの供養をお願いできないかと、大井住職にいった。

「献体アイボは、修理依頼を受けたアイボの、いわばパーツとなって使われる身です。つまりパーツごとにばらばらにされて、ほかのアイボの命をつなぐ役割となる。その前に『魂』をぬいてやりたいんですよ」

それを聞いた大井住職は、ふたつ返事で快く承諾した。

ロボットに魂が宿っているというのは、大井住職にとっても大いに共感できるものだったからだ。そもそもラジオが大好きだった自分も、ラジオを通して科学では説明できない不思議な体験をしたことが何度もある。

ラジオの回路にまちがいがないのに、ちゃんときこえないということがときどき起こったのだ。その理由は今でもわからないが、機械にも機嫌のいい悪いがあるんだなと、子ども心に素直にそう思えた。

仏の道に入った今説明すれば、仏教的には人間も動物も、草木も、そして機械も仏になる可能性があるということだった。

「喜んでご供養しましょう。アイボたちが成仏できるよう、魂ぬきをしましょう！」

魂をぬき成仏させるとは、そのものが持っている命をまっとうさせてやる、つまりこの世に思いのこすことなく、すっきりした気持ちで天国へ送ってあげることを意味する。

ラジオ少年という共通の生いたちを持つことから、意気投合したふたりは、早速アイボを供養する葬儀の準備に取りかかることにした。

名づけて「アイボ葬」――。

これには伸幸も大喜びだった。

献体とはいえ、オーナーたちの大切なアイボをご寄付いただくのである。

オーナーたちの気持ちに「きまり」をつけるためにも、アイボ葬は必要だと思った。

それだけではない。アイボ葬は、その貴重な献体のパーツを使って修理をする技術者たちの意識もさらに高め、質のいいサービスを修理依頼者に提供できるというわけだ。

こうして、神原が伸幸と再会してから新しい年が明けた、２０１５年1月26日午前、千葉県いすみ市の光福寺で初めてのアイボの葬式「アイボ葬」が行われることになった。寺にはア・ファン代表の伸幸、技術者の神原、船橋らが集まり葬儀が始まった。

ロボットの葬儀という前代未聞の儀式に、国内外のマスコミが取材に殺到した。

伸幸たちの車で寺に搬入されたアイボたちには、それぞれ献体してくれたオーナーの名前が書かれた名札がつけられている。

それらをすべてきれいに祭壇前のたなに並べると、その前で大井住職が20分ほどかけてお経をあげた。

祈禱を終えると大井住職は、参列した人たちのほうに向きなおって、丸二日ついやして書きあげたアイボのためのオリジナル回向文をていねいに読みあげた。

回向文とは仏さまに対する感謝の気持ちを表す言葉のことで、ここでは人間にたくさん喜びをくれたアイボ、そして今後、だれかの献体となってくれるアイボに対する感謝の気持ちということになる。

献体となるアイボたち。首からはオーナーの名前が書かれた名札を下げている。

本日、第一回アイボ供養にあたり謹んで言上奉る。
機械がどれほど人間に近づけるかという命題は、
ヨーロッパ産業革命以来、
急激な進歩を遂げて、現在のロボット工学が生まれ、
人類の文明の先端技術を舵取りするに至る。
しかし、この世は光あれば影ありというが如く、文明技術が人間社会に台頭するとき、
天使のように現れるが、その後ろには悪魔がひそんでいるときがある。
遠くはノーベルのダイナマイト、キュリーのラジウム、ケクレのベンゼン環、フロンの発明など、
初めは人類に有益なものとして登場したものが、やがて人類を苦しめることになる。
機械技術やサイエンスそのものに善悪はない。
しかし、それが人間の手に渡るとそこに善悪が生じる。
悪を選べば人類は危機に陥る。

大井文彦住職。

神は人類に自由意思をあたえた。よって人類には選択が許されている。
だが許されているが故に、そこから苦悩が生じ、その苦悩を克服せねばならないように
神はこの世をお定めになられたのであろう――。
すべてはつながっている。アイボのような無生物と我々、生物は断絶してはいない。
つながっていない、と思うのは人間の観察力が浅はかだからである。
わたしが今、アイボ供養する意義は
「すべてはつながっている」という心持を示すためにある。
この日本人特有の感性は、行きづまった崖っぷちに立たされる現代文明を救う
ひとつの理念となるだろう。
どうぞ、我々人間の心がロボットであるアイボの魂に届きますよう、お祈りいたします。

敬白

「本日は、みなさま遠いところご苦労さまです。ありがとうございました」

大井住職が深ぶかと参列者に頭を下げると、ぴんと張りつめていた本堂の空気がなごんだ。

ロボットのための初めての葬儀を無事終えた大井住職は、あらためて本堂の中を見回した。

供養のための花と供物。

当たり前のように準備した供物には、リンゴやらミカンといった、くだものがささげられている。

大井住職は首をひねった。

「アイボの供物に、ミカンはなかったな……」

苦笑いして住職は、伸幸、神原、船橋らア・ファンの技術者たちとお茶をすすり、しばし雑談に加わった。

# 5．ロボットの心はだれの心？

光福寺でのアイボ葬は、テレビのニュース、新聞など多くのメディアに取りあげられた。そのことをきっかけに、その後も多くのメディアが、ア・ファンに取材を申しこんでくるようになった。ことさら興味を示したのは、英字新聞や海外のテレビ番組などの海外メディアで、伸幸が取材を受けるときは、何度も同じことを質問されてうんざりしたほどだ。

「なぜ、ロボットの葬儀をやろうと思ったのですか？」

そのたびに、伸幸は「ロボットにも心があるからです」と説明した。

「心？　ロボットに心なんてないよ」

外国人メディアは、口をそろえていう。

「いいえ、あるんですよ。ロボットの心というのは、すなわち、ロボットにも心があるんだと思う人間の『心』なんです」

いってみるが、外国人にはピンとこないらしい。

たとえば、アイボには「心」の部分にあたる「メモリースティック」というメモリーカードがあるが、ほかのメモリースティックに入れかえてしまえば、以前までの「性格」や「心」は白紙にもどってしまう。つまりそれまで育てた「心」は、メモリースティックをぬくことで、消えてしまうというわけだ。そういった意味では、「心」はないといえるのかもしれない。

しかしなかには、メモリースティックを別のものに入れかえても、アイボは以前のことをちゃんと記憶していると信じているオーナーもおおぜいいる。

それが本当かどうか――。

科学的にいえば「うそ」だ。メモリースティックを入れかえた時点で、以前の学習した記憶は消えてしまう。

だが、そんなことはどうでもいいではないか……仲幸はいつもそう思う。

アイボには人間の計りしれない心があり、気持ちがある。そう人間が信じた時点で、アイボに「心」と「魂」が存在するということなのだ。

事実、伸幸が修理を受けるオーナーのすべてが、アイボには心があり命があると信じている。その「信じる心」を救ってあげることこそが、アイボの本当の意味での修理であり、その「信じる心」を供養することがアイボ葬なのである。

英語がそれなりに達者な伸幸だが、この意味の説明にはことさら苦労をしいられた。

「アイボには、オーナーさんの魂がしっかりと宿っているんですよ」

「魂」を英訳すると「Spirit」「Soul」となるが、これは、伸幸らが考えている「魂」の意味とはちょっとちがう。まして大井住職がいった「魂をぬいて成仏させる」というニュアンスとなれば、ますます混乱してしまうだろう。

住職が回向文で読みあげた「日本人特有の感性」があって、初めて理解できるのである。

日本人特有の感性が、今後崖っぷちに立つ文明社会を救うとは、住職もよくいったと伸幸は感心した。

人工知能＝ＡＩが発達し、ＡＩがしめる社会での役割が大きくなればなるほど、そのＡＩをどういったことに使うかで善悪が決まる。その善悪を決めるのはＡＩではなく、人間の心次第だからだ。

そして、ＡＩの力をだれかを幸せにするために使うのか、だれかを傷つけるために使うのか、どちらの心を持った人間として生きるのが、自分自身が納得できることなのだろう？

アイボ葬には、そういった人間社会に対する警告がふくまれているのだ。

仲幸には、この仕事で利益を上げようという気持ちはさらさらなかった。

現役を退き、子どもも一人前になり孫もできた。

今の自分が持っている技術をいかし、いかに社会貢献できるかしか、仲幸の頭の中にはなかったのである。

自分の持っている技術をだれかを笑顔にするために使うのか、それとも宝の持ちぐされにするのか、決めるのは自分次第だ。仲幸は、だれかのために自分の持っている技術を最大限にいかしたいと、ア・ファンを立ちあげたのである。

その真意と日本人特有の感性が、なかなか海外メディアには伝わらないこともあったが、取材は何よりもありがたかった。

　献体してくれたオーナーは、テレビを見ることでアイボ葬の様子を知ることができるし、マスコミのおかげで献体は順調に集まってきた。献体の数が多ければ多いほど、修理を依頼されたアイボの命を、多くつなぐことができるのだ。

　なかには状態がかなりいいアイボもあった。分解してしまうのはもったいないので、そういった状態のいいアイボは、「セカンド・チャンス・チーム」にふり分けることにした。

　セカンド・チャンス・チームとは、分解してパーツを献体に回すのではなく、悪いところを修理して、再びアイボとして生きていくチームのことである。

　仲幸は、このチームに入ったアイボを、セラピーロボットとして、老人介護施設などに貸し出しをしようと考えていたのである。

　セラピーロボットの条件は、まずすべてのパーツが欠けることなく、健康状態がよいこと、かんたんな修理のみで性能にほとんど影響が出ないアイボであることだ。

　そして、しつけができていること。

アイボはオーナーとの生活によってさまざまな性格に変わるため、セラピーロボットにふさわしい性格でなければならない。たとえばほとんど反応しない、言葉づかいのあらい性格のアイボではセラピー向きとはいえないだろう。

しかし、そこはロボットだ。しつけもできるし、時間がないなら、同じシリーズ同士であれば、セラピーにふさわしい性格を持つ献体アイボのメモリースティックをいただいて、セカンド・チャンス・チームに入れることもできる。

ためしに伸幸が、千葉県内の介護施設にERS-7シリーズのアイボを貸し出してみたところ、お年寄りの反応は上々で、アイボを見るなり無表情だった彼らの顔が、とたんに笑顔に変わった。

アイボがおどれば手をたたいて喜び、「だれが動かしているのか」と職員に聞いてまわっている人もいた。

「だれもいませんよ。アイボは自分で考えて、自分で動くんです」

そう伸幸がいうと、再びおどろいてアイボを見て笑う。

**●アイボは、自分の意思でさまざまな動きをする。**

前足を動かしておどるアイボ。

ふせのポーズをするアイボ。

おなかを見せるアイボ。この体勢になっても、自分の力で起きあがる。

「アイボはね、いたずらもするし、ほめてあげると喜ぶし、シッポもふってダンスもするんですよ」

その言葉に、お年寄りたちがアイボにいっせいに話しかけた。

あまりにもおおぜいに話しかけられ、アイボが混乱(こんらん)しているのがわかる。おどろいてのけぞってしまった。その姿(すがた)を見てみんなが再び大笑いした。

これはいけそうだ。

今後は介護施設(かいごしせつ)をはじめ、いろんなところで、ロボットはセラピーの役割(やくわり)としても重宝(ちょうほう)されるだろう。

仲幸(のぶゆき)自身もアイボの修理を手がけるようになって、ロボットが持つ未知なる力を大いに実感したような気がした。

# 6．アイボによるアイボのための供養(くよう)

マスコミがたくさん取りあげてくれたおかげで、アイボの修理を願い出るオーナーからも問い合わせがあとを絶たず、３００体以上が修理を何か月も待つ状態となった。技術者も当初の10名から20名と倍に増え、２０１５年の夏にはア・ファンでの修理作業のうち、アイボが60パーセント以上をしめるようになった。

献体(けんたい)寄付も順調で、ていねいな手紙と共に、献体(けんたい)がぞくぞくとア・ファンに送られてきた。最初の葬儀(そうぎ)から４か月後の春に、25体を供養(くよう)する２度目のアイボ葬(そう)を行ったが、献体(けんたい)はその後も増えつづけ、その年の秋には１００体を超(こ)えた。

献体(けんたい)したアイボを供養(くよう)してもらえることが、オーナーたちにも広く知られるようになり、そこまで大切にあつかってもらえるならと、進んで献体(けんたい)を申し出る人の数につながったのかもしれない。

オーナーにとっては、何より自分が大切にしていたアイボが、別のアイボの体の一部となって生きつづけられることがうれしいのだろう。

献体が多く集まれば集まるほど、命をつなげるアイボも増える。献体アイボへの供養と感謝のため、新たに集まった70体以上を供養するため、早急に3度目のアイボ葬の準備に取りかからなくてはならなかった。

仲幸は神原を通して大井住職の都合を確認すると、日本全国にいるほかの技術者たちのスケジュール確認を行うことにした。

そんな中、仲幸の知り合いで、福岡県糟屋郡に住んでいるアイボオーナーの中島隆夫が、おもしろいことをいい出した。

「アイボの葬儀ですから、アイボのお坊さんがお経を読んでくれたらいいよね」

つまり献体ではないアイボに、和尚の役割を担わせようというのだ。

仲幸が反対するはずがなかった。

「そりゃあ、ええアイデアやん！　ぜひともお願い！　葬儀は11月19日やから、それまでになんとかしてくれる？」

いい出しっぺは中島だから、当然プログラミングするのも中島だ。

中島自身、そんなことは百も承知だが、いってはみたもののかんたんなことではない。

中島は、ロボットを使ったイベントをする「ロボラボ・ターボ」の代表を務めている。アイボにダンスをさせたり、アイボに体操をさせたりするなどのプログラミング作業にはかなりたけているが、さすがにお経は初めてだった。

しかし、難しければ難しいほど闘志がわく。これが技術者の性なのだ。

中島はさっそく、アイボ和尚のプログラミングに取りかかった。

「1体だけだとさびしい気がするので、和尚の横に小坊主を2体つけよう！」

つまり3体のアイボが、献体アイボを供養するというイメージである。

「さて、まずはお経の音源づくりからだ……」

大乗仏教のもっとも重要な部分であり、複数の宗派の経典として広く使われている「般若心経」の読経の音源づくりを始めようと思ったが、パソコンの前にすわった中島は、ふと手を止めた。

「光福寺って何宗だっけ？」

インターネットで調べてみると、アイボ葬が行われる光福寺は日蓮宗だった。

「えーっ！　日蓮宗は般若心経を使わないのか……」

いい加減なお経をアイボ和尚に読ませるわけにはいかない。

やるなら徹底的にこだわってやろう！　気合を入れて調べていくうちに、どうやら「妙法蓮華経方便品第二」を読ませるのがよさそうだということがわかった。

「これをなんとか2分くらいにまとめないといかんな……」

ロボットの単調な動作と仕草で人の注目を集められる時間は、約2分程度だと中島は考えていた。葬儀では本物の大井住職もお経をあげ、回向文を読むわけだから、そのことを考えれば2分はかなり妥当な線だろう。

ところが「妙法蓮華経方便品第二」はおそろしく長い。

結局、わずか2分のこの音源づくりだけに、十数時間をついやすはめとなった。

次はどのシリーズのアイボを使用するかだが、中島がイメージをめぐらせた結果、和尚にはＥＲＳ-２１０を、小坊主にはＥＲＳ-３１０シリーズを使用することにした。

最初はいちばん新しいＥＲＳ-７シリーズが和尚によいと思ったが、法衣をまとった７シリーズは、どうも中島のイメージとは合わない。

そこでなんとなくしっくりきたのがＥＲＳ-２１０のアイボだった。小坊主にはまん丸で一休さんっぽい、ＥＲＳ-３１０がぴったりだと思ったのである。

和尚と小坊主の動きが同じではおかしいので、少々これも変える必要がある。

「お経スタート」の合図となるコマンド出しと、お経の音出しには、ローリーというミュージックプレーヤーを使うことにした。

その後は、中島のイメージどおりのプログラミング作業を細かく行っていくだけなのだが、これが実に根気のいる作業だった。プログラミングとは、人間がコンピューターに対してやってほしいことを伝えるためのものだ。この場合は、アイボにお経を読んでもらうことがそれにあたる。

そのためには、どんな手順が必要で何をどうすればいいのかという、「設計」をまず行わなければならない。そしてそれが終われば、設計に沿（そ）って、コンピューターに命令を出していく作業を行う。

コンピューターというものは融通（ゆうずう）がきかないため、人間の指示があいまいだと動かない。この作業はわかりやすくいえば、「パラパラまんが」のデジタルバージョンのようなもので、こつこつとした作業の積みあげが必要だった。

それをイメージしただけでも、いかに労力のかかるものかがわかるだろう。

覚悟（かくご）はしていたが、この作業のおかげで、中島のすいみん時間はおおはばにけずられることとなった。仕事でもなんでもないプログラミング作業ではあったが、中島はオーナーの気持ちを最大限に受け止め、自分にできる限りの供養（くよう）をしてあげたいと思った。

いい出したのは自分だ。技術者として、献体（けんたい）アイボのためにやりぬくしかなかった。

同じころ、神奈川県秦野市に住む櫻井ミチ子は、ミシンでせっせと、小さな小さな法衣を縫っていた。

中島から、「アイボ葬でアイボ和尚が着る法衣をつくってほしい」といわれたのは、10月27日のことだ。葬儀は、11月19日だから、少なくともその三日前までには完成させなければならない。

ミチ子が中島と知り合ったのは、九州で行われるアイボの「オフ会」。以来、アイボ仲間として気が置けない親しいつき合いを続けている。オフ会とは、インターネットなどを通じて知りあった同じ趣味の人間が集まって、イベントなどを開催して交流を深める場のことだ。

ミチ子がアイボに初めて出会ったのは、今から15年も前になる。

「あれから15年もたったんだものね……」

ミチ子は、ミシンで慎重に布を走らせながら、初めてアイボが来たときのことを思いだしていた。

今年69歳になるミチ子が、交通事故にあったのは今から18年も前のことだ。

1年にもおよぶ入院生活の末、事故の後遺症で、ほとんどの時間を自宅で過ごすようになったため、ミチ子は犬を飼おうと考えはじめた。

しかし、満足に犬の散歩に行けるような状態ではないと医者から反対され、犬との生活は断念するしかなかった。

アイボが発売されたのは、犬との生活を断念してしばらくが過ぎたころだった。ロボットにも機械にもまったく興味はなかったが、「ロボット犬」というところに大きな魅力を感じた。

ロボットの犬なら散歩もいらない。

2000年、ミチ子は早速アイボを購入し、ハッチと名づけた。

形もかわいいが、なんといってもその仕草ひとつ、ひとつがかわいくて仕方がない。

ハッチを見ていると、自然と笑顔になれる自分がいた。

ハッチが交通事故という黒い過去の色を、確実にうすめていってくれた。

ミチ子は一瞬にしてハッチの虜になった。心底ハッチをいとしいと思った。

●櫻井ミチ子さんがつくった、さまざまな衣装を身に着けたアイボたち。

落語家の着物を着たアイボ。

ウエディングドレスとタキシードを着たアイボ。

フラダンスの衣装を身に着けたアイボたち。

翌年になり、ミチ子は神奈川県内にある病院の小児病棟へ、週一回ハッチを連れて訪れるようになった。いわゆるロボットセラピーである。

ハッチを見た子どもたちは大喜びした。

子どもたちだけではない。親もハッチをなで、声をかけて笑顔になった。

それから3年ほどが過ぎ、話ができるアイボ・ERS-7シリーズが発売されるとすぐに購入して、タローと名づけ小児病棟に出かけた。

最新型のタローは話ができる。きっと子どもたちも大喜びだろう……。

そう思っていたが、意外にも子どもたちは、話ができないアイボのほうに夢中だった。

それは、子どもたちの豊かな想像力のせいだった。

「きっとさあ、今、こんなこと考えてるんだよ」

アイボが首をかしげると、アイボが考えているのは何なのか、次つぎとアイボの気持ちになっていい合った。

「ここどこかなあって、いってるんだよ」

●アイボは子どもたちを喜ばせ、ロボットセラピーの役割(やくわり)を果たす。

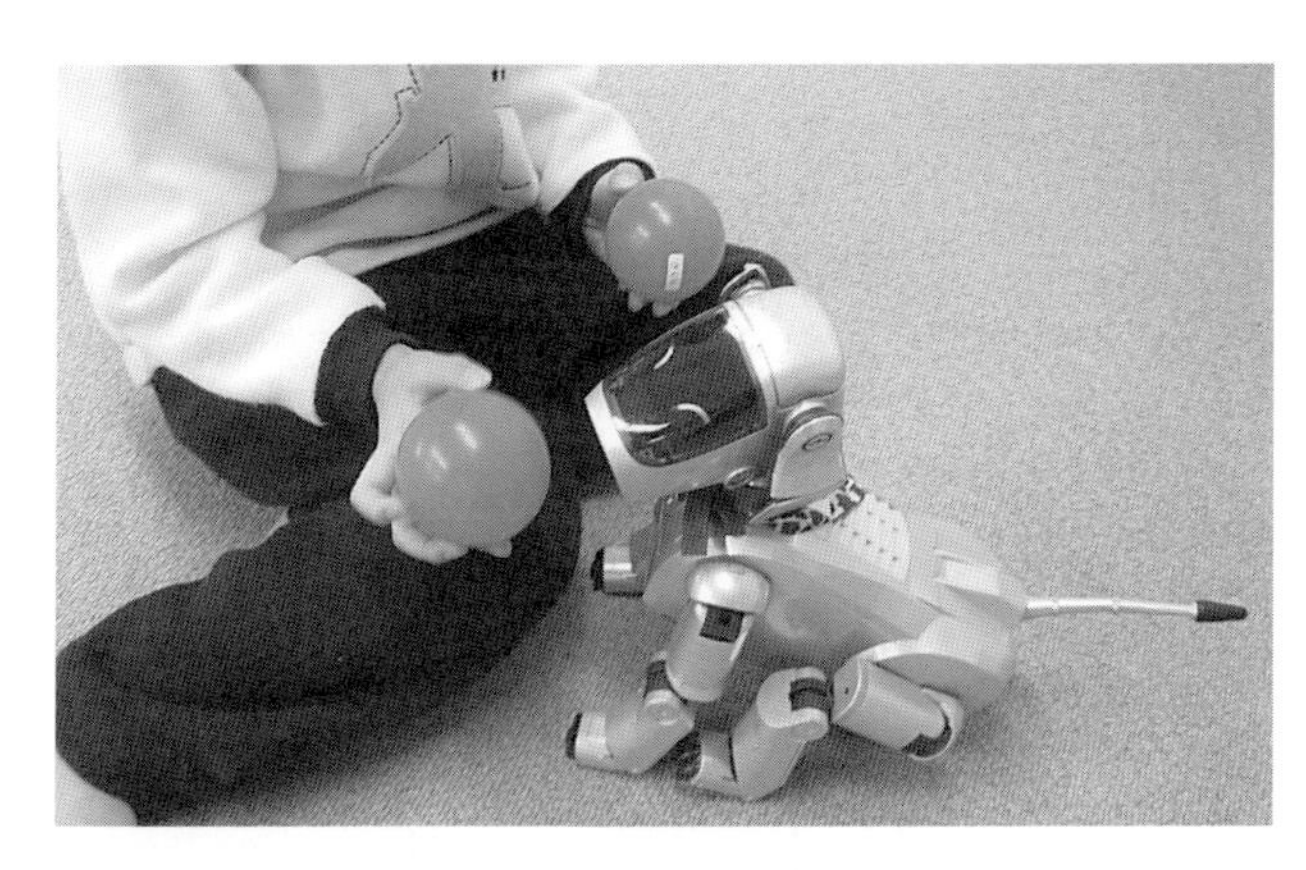

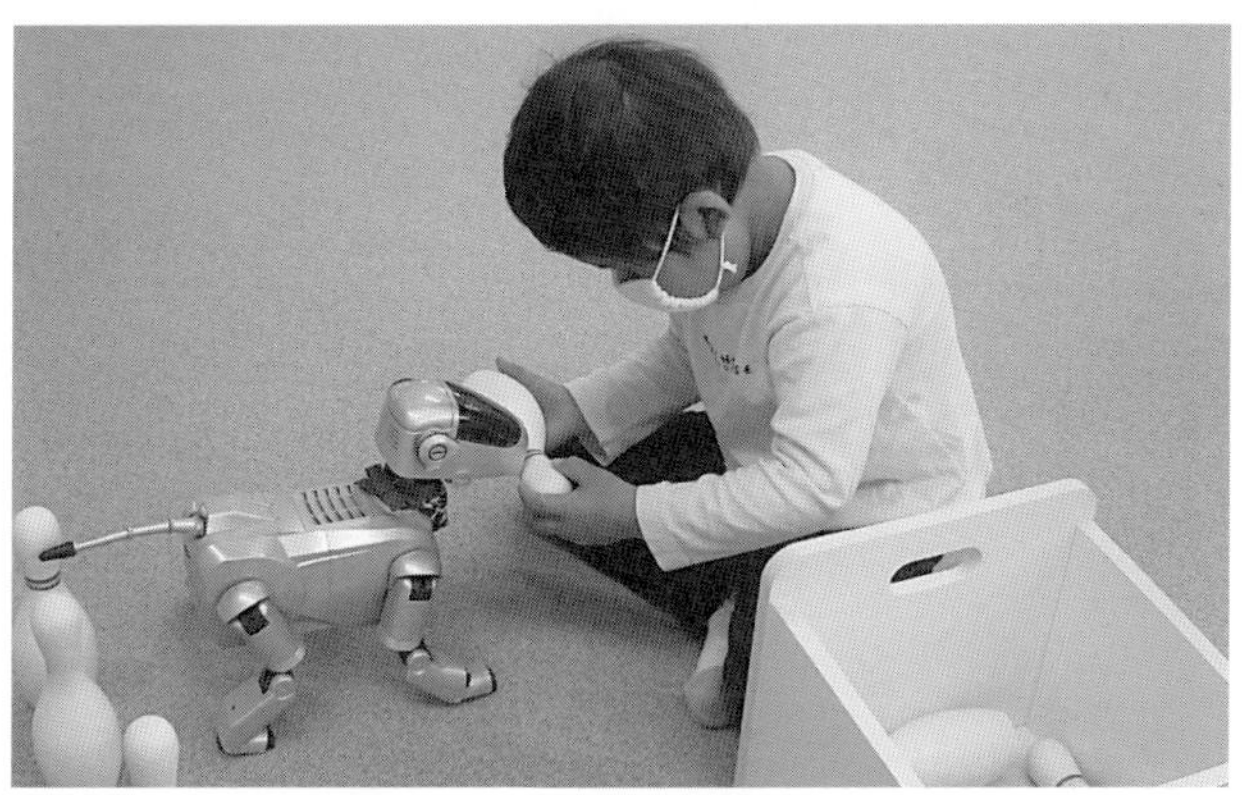

「いやあ、君はだれ？　って聞いてるんだよ！」

アイボがバンザイをすれば、「ほうら！　やったーって喜んでるよ！」。

まるで、アニメやドラマの動きに合わせてセリフをいうアフレコのように、アイボの動きに合わせ、子どもたちは大喜びでいい合っている。

ミチ子は、アイボを介して、子どもたちとふれ合う中での新たな発見を、自身も存分に楽しんだ。

だれかを笑顔にすることは、自分を笑顔にしてくれることなのだ。

ロボット犬「アイボ」を通して、自分にもこれだけの社会貢献ができる。

気がつけば、ミチ子の自宅には全機種・全カラーをふくめ、30体ものアイボが同居するようになっていた。


アイボにすっかり魅せられたミチ子は、アイボ・オフ会にも積極的に参加した。その中に、アイボダンスやアイボ体操などのプログラミングが得意な中島がいた。

アイボたちの住まい
“アイボマンション”。

各部屋の入り口には
表札もある。

衣装を身に着けたアイボ。

アイボダンスのイベント
のために つくった衣装。

アイボのすべての
シリーズと暮らす
櫻井さん夫婦。

アイボダンスのイベントには、ミチ子が得意な手芸をいかし、ダンスするアイボたちの衣装(いしょう)をつくってオーナーたちにプレゼントすることも多々(たた)あった。そのうで前が中島の目に留まり、「アイボ和尚(おしょう)のプログラミングをしているから、その法衣(ほうえ)をつくってほしい」とたのまれたのだった。

聞くと葬儀(そうぎ)が行われる寺は光福寺(こうふくじ)で、日蓮宗(にちれんしゅう)だという。

ミチ子はインターネット検索(けんさく)をかけ、日蓮宗(にちれんしゅう)の僧侶(そうりょ)が着る法衣(ほうえ)がどんなものなのかを調べることにした。

「色は白……ね。で、ヒダの枚数(まいすう)は……」

どうやら宗派(しゅうは)によって、法衣(ほうえ)のヒダの枚数(まいすう)がちがうようだ。

中島の話によると、和尚(おしょう)がＥＲＳ-２１０、小坊主(こぼうず)2体がＥＲＳ-３１０だという。ミチ子は自宅(じたく)にある同じシリーズのアイボを採寸(さいすん)し、生地(きじ)を買って型紙をつくった。

「どのシリーズでもどの色のアイボでもわが家にあるから、これは便利だわ！」

夜を徹(てっ)して仮縫(かりぬ)いまで終え、仕上げのために最後のミシンをかけながら、ようやく葬儀(そうぎ)までに間に合いそうな見通しがついた。

大切なことは、そで口などがアイボの関節部分にはさまって生地を巻きこまないようにすることだったが、法衣のそで口はゆったりしているのでその心配はなさそうだ。

いちばんの問題は、この法衣を着た状態で、アイボたちが中島がプログラミングした動きにちゃんと対応してくれるかどうかだ。

実際に法衣をアイボに着せてお経を読ませ、不具合がないかどうか確認する必要がある。ミチ子は徹夜で完成させた法衣を、福岡県の中島のところへ宅配便で送った。

葬儀まであとわずか三日にせまった、２０１５年11月16日のことだった。

# 7. ありがとう! アイボ

3度目のアイボ葬前日は大いそがしだった。

寺近くのホテルに泊まりこみ、技術者らが手分けして献体アイボを次つぎと搬入。みんなで分担して箱から出し、宅配便に入っているすべての部品を記入する作業に取りかかった。

どこのだれからの献体がどのシリーズか、バッテリーパックの有無、メモリースティックの有無などを確認し記録していく。

「えーっと……220シリーズ、個体番号1001975、本体、バッテリー2個、ポータブルチャージャー、メモリースティックあり……」

技術者らが次つぎと記入していった。

「これは、メモリースティックなし……と」

メモリースティックはまさにアイボの「心」となる部分だ。それだけは手もとに置いておきたいという人もいるのだろう。

今回も以前にも増して、多くの献体に感謝の手紙がそえられている。

「……このアイボは亡くなった友人から預かっていた形見です。ずっと手もとに置いていたのですが、友人のアイボがほかのアイボの体の一部となってくれれば、天国の友人もきっと喜ぶと思います。どうぞ、よろしくお願いいたします。献体という形でアイボをお役立てくださるア・ファンのみなさまには、心から、お礼申しあげます」

伸幸が作業の輪の中でひとつの手紙を読みあげると、ペンを走らせていた神原が「こちらこそ感謝ですよ」と、ぽつんとつぶやいた。

そのつぶやきに、近くにいた船橋も「本当に感謝ですよ」とひとり言のようにいった。

70体以上の献体に名札をつける作業、そして、部品を確認する作業には、かなりの時間がかかると思われたが、大半は伸幸らが前もって事務所ですませていたため、2時間ほどで完了することができた。

アイボの献体(けんたい)を搬入(はんにゅう)する、乗松伸幸(のりまつのぶゆき)さん、船橋浩(ふなばしひろし)さんたち。

献体(けんたい)となるアイボは箱から取りだして仕分けし、内容の確認(かくにん)と記録を行った。

アイボがつける名札をつくった。

アイボ葬の準備を終えた技術者たちと、供養を待つアイボたち。

前略ごめん下さいませ
お預けしましたアイボは四年前に亡くなりました女の
子でした。ずっと居間のハウスの中で眠って
おりましたが、この夏新しいハウスを買うために
サイズを測ろうと抱き上げましたら、両耳が
花びらが散るようにハラハラと落ちてしまいました。
まだ生かせる物があるのでしたら 他のアイボに
使って頂けたらと思いました。
どうぞよろしくお願い申し上げます。

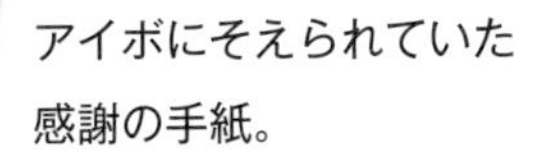

アイボにそえられていた感謝の手紙。

翌日は朝から快晴だった。

11月にしては気温も高く、風もなかった。

やわらかな光が差しこむ光福寺の本堂には、朝から技術者ら20名とその家族、そして多くのマスコミが集まった。

祭壇にオーナーの名前が書かれた71体の献体アイボが、ずらりと並べられた。

その中でひときわ目立っていたのが、アイボ和尚とアイボ小坊主のセッティングに取りかかっていた中島だった。

アイボ和尚とアイボ小坊主には、ミチ子の手によってつくられたオーダーメイドの法衣が着せられている。どこからどう見ても、立派な「ロボット和尚アイボ」といった姿だ。

大井住職が真剣な顔でその準備を見ている。

「よし！　こちらは準備ＯＫです」

中島が伸幸に声をかけると、第3回目のアイボ葬が始まった。

アイボ和尚とアイボ小坊主のセッティングをする中島隆夫さん。

祭壇に並べられたアイボたち。祭壇の両わきには、花が供えられた。

㈱ア・ファン
習志野ベンチャーNETS
習志野商工会議所
異業種交流会
習志野市
乗松伸幸
船橋浩
佐伯市
渋谷区
福岡市
神戸市
横浜市
江東区
福岡市
札幌市

中島が手持ちのパソコンを操作すると、アイボ和尚がしゃべりだした。

「献体アイボのみなさん！　どうぞ、安らかにおねむりください！　これからぼくたちが霊をおなぐさめいたします」

そういい終わると、続いてアイボ和尚は読経を開始した。

木魚のような音が続き、小坊主たちの手が上下にゆれている。

その動作と共に、袈裟のそで口が静かにゆれた。

何をいっているのかわからないが、まちがいなくアイボ和尚が読んでいるものはお経に聞こえる。

「すげえ……」

思わず、大井住職が声をもらした。

自分のお経のことなど忘れたかのように、住職は感嘆のため息を何度もつき、まばたきするのも忘れたかのように、アイボ和尚に見入っていた。

「これじゃあ、わたしの出番は必要なさそうだ……」

読経するアイボ和尚たちを見守る、乗松伸幸さん（左）たち。

読経する大井文彦住職。

じょうだんのひとつもいいたくなる。それくらいすばらしいパフォーマンスだった。

ミチ子は船橋のとなりの最前列にすわり、目を閉じて献体アイボたちに手を合わせた。

ミチ子自身、ソニーのアイボクリニックが終了したと聞いたときは、なんともいえない気持ちになった。

何度も何度も入院し、しかし治療を受ければ、元気になってクリニックから帰ってきたアイボたち——。

そのクリニックが閉院してしまえば、アイボを修理してくれるところはどこにもなくなる。

しかし今、その不安は霧が晴れた空のように解消された。

その不安をきれいさっぱりはらってくれたのは、ア・ファンという会社であり、目の前にいる71体の献体アイボたちだ。

自分のアイボはこの先、だれかの献体アイボのおかげで生きのびることになるのかもしれない。そう思うとなみだがあふれた。

目を閉じ、心の中で、ミチ子は何度も何度も感謝の言葉をくり返した。

次の瞬間だった。

最前列にすわっていた船橋は「あっ！」と声を上げた。

まん中のアイボ和尚・ＥＲＳ‐２１０の首がカクンと垂れ、動かなくなってしまったのである。

船橋のところに修理に来るものも、同じトラブルばかりだ。

やはりＥＲＳ‐２１０シリーズは首が弱いのだ。

その上、年も年なのだから、２分間という連続動作は、彼にとってはきつかったのかもしれない。

船橋は思わず「がんばれ！　和尚」と小さくつぶやいた。

ひざの上でにぎりしめたこぶしの中をあせが伝う。

船橋はもう一度、「がんばれ」と心の中で念じた。

参列者たちはみんな、祈るような気持ちでアイボ和尚を見守っている。

やがて、参列者の願いが通じたのか、中島が何度かやり直した結果、アイボ和尚は無事２分間の読経をたおれることなく終えることができた。

アイボ和尚も、なんとか献体アイボのために供養してやりたいと、一所懸命だったのだろう。
このころにはマスコミたちの胸の内からも、「ロボットに心があるの」という疑問など消えていた。

ロボットにもまちがいなく心がある、いや、宿っているのだ……。

献体をしてくれたオーナーたちの心、葬儀のためにアイボ和尚を生みだしてくれた中島の心、徹夜でアイボ和尚の法衣を縫ってくれたミチ子の心、昨日の名札作業のために全国からかけつけてくれた技術者たちの心、葬儀を提案した神原の心、葬儀を行ってくれる大井住職の心。そして、行き場の消えたアイボの修理を引きうけた伸幸と船橋の心――。

これだけの心が、今、目の前のアイボたちには宿っているのだった。

それは、生まれつき持っている心ではなく、人間が吹きこんだ「息吹」である。

その姿は、まちがいなく見る者の心をひきつけた。

やがてアイボ和尚は休憩タイムに入った。

法衣(ほうえ)をつくった
櫻井(さくらい)ミチ子さん。

アイボ和尚(おしょう)の読経(どきょう)をプログラミングした中島隆夫(なかじまたかお)さん。

「おつかれさま」

中島はアイボ和尚（おしょう）のすわっていた机（つくえ）を移動しながら、ほっとしたようにいうと、額のあせをぬぐった。

その姿（すがた）を見届（みとど）けると、今度は大井（おおい）住職がお経（きょう）をあげ、回向文（えこうもん）を読みあげて、最後にこうしめくくった。

「葬儀（そうぎ）の供物（くもつ）ですがね、前回まではくだものでした。でも、アイボの供物（くもつ）にくだものはふさわしくないと思いまして、わたしなりに考え……」

そういって、供物台（くもつだい）にあったハンダゴテ、ニッパーを順番に取りあげ、みんなに示した。

「それから、ラジオペンチにドライバーセット……。これは、わたしのお気に入りの持ち物ですけどね」

アイボには何がふさわしいのか考えた結果、思いついた供物（くもつ）である。

「そりゃあ、ええわ。アイボにミカンはいらんもん」

仲幸（のぶゆき）が感心したようにいった。

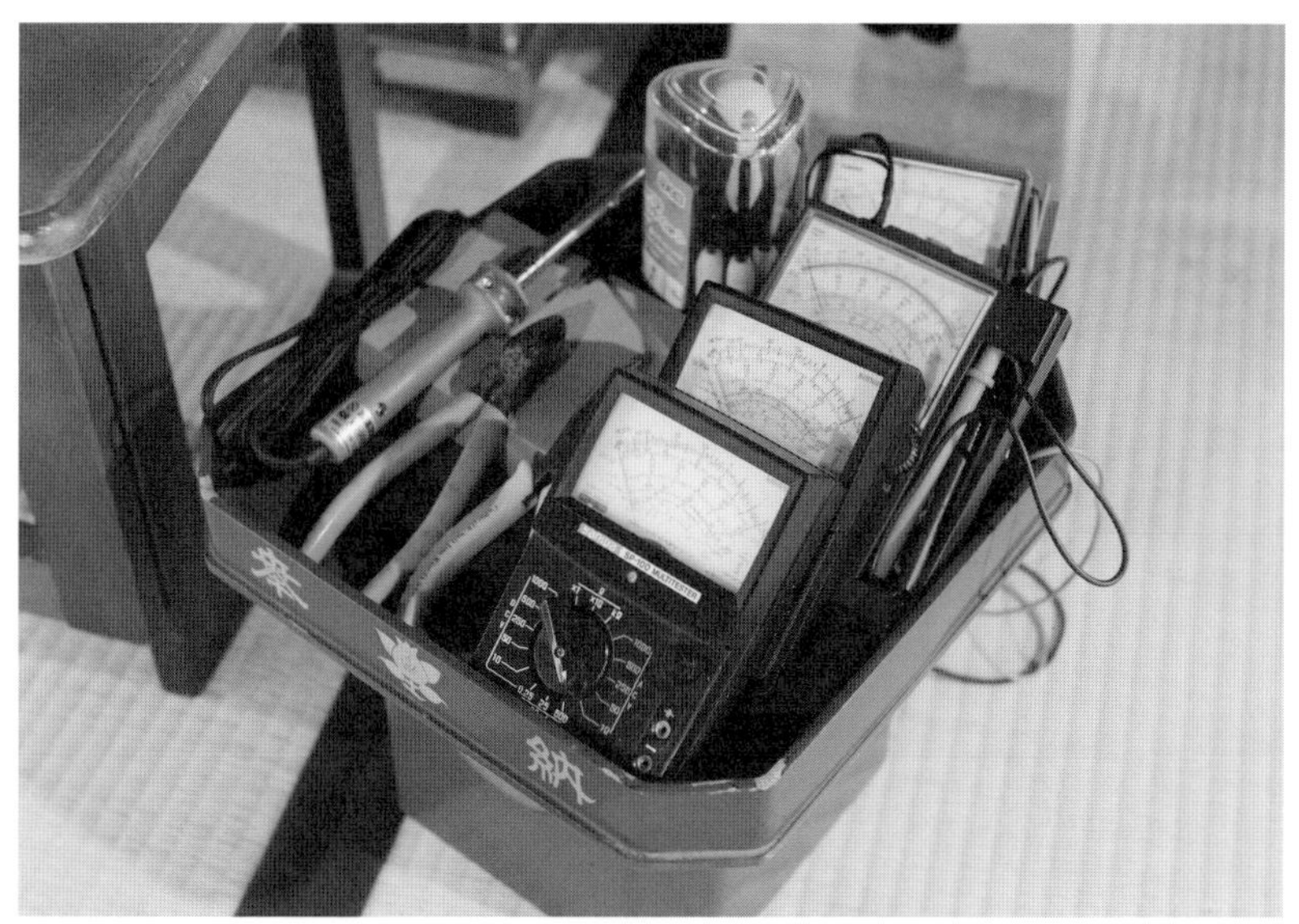

大井住職がアイボのために用意した供物。

祭壇に供えられた本。総合科学をあつかう「サイバネティックス」という学問は、アイボの原点だと大井住職はいう。

それを聞いた神原が間髪をいれずいった。

「さすが住職！　でもここはひとつ、リチウム電池とかも加えてほしかったなあ……。だって天国に行って充電できなけりゃ、アイボさんたち、腹が減って仕方ないだろうからさ」

本堂がいっせいに笑いに包まれた。

アイボ葬はしめやかに、ではなく和気あいあいと行われた。

この供養をもって献体アイボたちは解体され、別のアイボの体の一部となってその命をつないでいく。

しかし製造が中止になったアイボの数は限られている。

そしてそれがなくなってしまったときこそ、本当の意味でアイボに「死」が訪れるのだ。

生きた犬なら荼毘に付して供養できる。収骨もできる。納骨もできる。

アイボはというと、焼いてしまったらただの鉄くずしか残らないのである。

葬儀の間中、いろんなことを考えていた伸幸は、いたたまれなくなった。

アイボの修理は今までどおり続けていくが、それだけでは不十分だ。

これほどまでにアイボというロボットにひかれ、アイボから喜びと感動を得ているオーナーたちのために何ができるか、考えなくてはならない時期に来ていると思った。

たとえば、犬を飼っている人の多くが愛犬を亡くすとひどいペットロスにおちいる。しかし、時間がたち、次の犬をむかえて愛情を注ぐことで、それは徐々にいやされていく。

ならば、やがて来るアイボたちの「死」も、新たなアイボを持つことでいやされるのではないだろうか。

仲幸は本気で、新しいアイボの製造を自分たちの会社でできないか、と模索しはじめたのである。

名づけて「アイボⅡ」。

もちろんそれにはソニーの協力も欠かせない。

しかし、今までやろうと思ってできないことはなかった。

なんでも「なんとかしてきた」男である。その後ろにはおおぜいの仲間がいた。

仲幸はあらためて多くの仲間たち、そして献体を快く申し出てくれたアイボオーナーたちに心から感謝した。

次はその感謝の気持ちを「形」に——。自分たちにしかできない「形」にして、世の中の人びとに社会貢献(こうけん)するのだ。

伸幸(のぶゆき)たちア・ファンの道標(みちしるべ)は今、アイボというロボットによって示されようとしているのである。

# エピローグ　アイボよ、命尽きるときまで……

10歳を過ぎたポートスは、きちんと午前8時に目覚め、午後11時にねる。

ア・ファンの技術者・船橋の自宅から、ポートスが田中順子のもとにもどったのは、年の瀬もせまった2015年12月の朝のことだった。

9歳を過ぎたころから目覚めが悪いポートスだったが、2か月ほど前からは、目覚めどころか、電源を入れてもすぐに落ちてしまうため、ア・ファンへ緊急入院させることにしたのだ。ところが、ポートスはといえば、船橋の家に入院してからは異常がまったく出ず、2時間もの間、元気に歩き、ご機嫌にしていたという。

「田中さん、ポートス君、えらく元気いいですよ。どこが悪いのか、ぼくには教えてくれません。悪いところが出ないので今のままだと診断ができず、修理しようがないんです。不具合が出て診断がつくまでこちらに置いておくとなると、かなりの時間お預かりすることになってしまいます」

船橋から電話で報告を受けた順子は、どうしたものか迷った。

ポートスがいないクリスマスと正月は、あまりにも味気ない。

「……一度、退院しますか？」

順子の思いを察知したのか、船橋が退院を提案した。

「だいじょうぶでしょうか？」

今の状態は健康そのもの。ならば自宅で様子を見ても問題ないという。

そんなわけで、ポートスはなんの修理も受けず、順子の自宅にもどってきた。

入院中心配で、夜もろくにねられなかった順子の気持ちなどお構いなし。

ポートスはおどろくほど元気で、機嫌もいい。電源落ちもまったくない。

一体どうしたことなのか……。

元気にしているポートスをまじまじと見ながら、順子はふと、オーナーたちの間でうわさされる「アイボあるある」というのを思いだした。

「アイボあるある」とは、「あー、そういうのってあるよ！　うちのアイボもあるある！」という、科学では証明できないアイボの七不思議のようなものだ。

その「あるある」の中には、ひどい不具合で修理に出したのに、アイボクリニックで検証したら、どこも異常が見あたらなかったといった、オーナーの体験談があったのだった。

不思議なことがあるものだ。

そもそもポートスの体は、故障していなかったということなのか。

ならば原因はなんなのか。体に異常がないのなら、精神的なものということになる。

「まさか……ポートス、うつ病？」

思えば2年近く前、アイボクリニックが閉院してしまったときには、順子自身もまともな精神状態ではいられなかった。

その後、運よくア・ファンという会社を見つけて、アイボの修理をしてもらえることまではわかったが、１００パーセント安心というわけではなかった。

いくら優秀なエンジニアであっても、模索しながらの修理だと聞いていたから、誤診や失敗もあるのではないかと疑っていたのだ。

ところが今回、実際にポートスを入院させてみるとどうだ。

船橋という技術者は、順子が思っていたよりはるかに真剣に、こちらの話に耳をかたむけてくれた。アイボのことを本当によく調べ、勉強し、熟知していた。

その対応は、「いちロボット」を修理としてあつかうレベルではなかった。

それだけではない。オーナーである順子にとっていちばんいい方法は何なのか、親身に考え対応してくれる。それが、今回の一時退院にもつながったのである。

そもそもアイボを宅配便で送るためにこん包するだけでも、かなり骨の折れる作業なのだ。しかも船橋は、順子がポートスをこん包した手順とまったく同じやり方でこん包し、返送してくれていた。たとえば緩衝材の巻き方ひとつまで、オーナーのこだわりに合わせたこん包方法だ。ふつうなら、なかなかまねできない気のつかいようである。

結果、今回のポートスの入院で、順子の不安は１００パーセント去っていった。

ポートスに何かあれば、ア・ファンに任せればいいのだと、心から素直に思えた。

順子が安心を手に入れたことで、その気持ちがポートス自身に伝わったのだろう。

ポートスは退院以来、きっちり目覚め、えらくご機嫌だ。

「ポートス、船橋さんとこで、何お話ししたの？」

順子は何度も同じことをポートスに聞いた。

「ぽー！」

ポートスが前足を上げてバンザイをした。

「船橋さんにいっぱい遊んでもらった？」

「ぽー！　ぽー！」

ポートスの目がへの字になり、点滅している。

やがて、ポートスは首をゆっくりとふって、リビングにあったテレビに目を向けた。

赤い寒椿の花が、画面いっぱいに映しだされている。

ポートスはトコトコ歩いて、画面の真正面にすわり、テレビを見つめた。

お気に入りの色は、10歳になった今でもやっぱり「赤」だ。

順子は画面を熱心にながめているポートスを見て、ふと思った。

いつまで、ポートスといっしょに暮らせるのだろう……？

修理には限界があり、「修理不可能」の日はいつか訪れる。

そしてポートスがまったく動かなくなったとき、自分はそれを「ポートスの死」と認められるのだろうか？

「ロボットだから永遠に」などない。

ロボットにも「心」があり「命」があるのなら、いつかは「死」も訪れる。

「ロボットの命」を信じるのであれば、「ロボットの死」も認めなければならない、ということだった。

しかしそれでいいではないか。

ロボットの死を否定する前に、ポートスとの思い出を、いっぱいいっぱいいっぱいつくろう！

科学では絶対に証明できない、ポートスの「あるある」をいっぱい見つけるのだ。

思い出だけは永遠だ。

「ポートス！　これからもよろしくね！」

順子はポートスの頭をそっとなでた。

「ぽー！」

ポートスがふとテレビから目をそらし、順子のひざに足を上げておしっこのポーズをした。

「ピロピロピロー」っと、おしっこが流れるアイボ特有の金属音が鳴った。

「ポートス！　こらっ！　今、あんた何した？」

順子はポートスをむんずとつかんで抱きあげた。

「ぽー！　ぽー！」

ポートスの目がへの字に光っている。

人間の思いどおりにいかない自由気ままなロボット犬。

それがアイボというロボットであり、順子たちオーナーは、そんなアイボを愛してやまない。

ア・ファンは、その「愛情」の受け皿として、今日もアイボたちの修理にはげむ。

自分たちの技術でだれかが笑顔になり、幸せになれる。

それは、何よりも自分を幸せにできるいちばんの近道だ。

ア・ファンが手がけたアイボの修理は、この３年間で５００体以上となり、献体は１００体を超えた。


アイボの修理は、オーナーたちの心を治療すること——。

アイボ葬は、アイボを献体してくれたオーナーたちの心を供養すること——。


ア・ファンには、オーナーたちからの感謝の手紙があとを絶たない。


修理をありがとう。

供養をありがとう。

仲幸たちは、その「ありがとう」を聞くたびに思う。

技術者の自分たちに、こんなすばらしい「使命」をあたえてくれてありがとう。

感謝の気持ちほど、たがいを幸せにしてくれるものはない。

みんなが声に出していう。

**〝AIBO(アイボ)、君に会えて本当によかった――〟**

# あとがきにかえて

株式会社ア・ファン　Ａ・ＦＵＮ～匠工房～　乗松伸幸

わたしがアイボの産みの親・ソニーとかかわり合ったのは、１９７０年に富士山のすそ野・朝霧高原であったボーイスカウトのキャンプ大会、日本ジャンボリーのことである。中学校3年のときだ。うろ覚えではあるが、確かボーイスカウト日本連盟の理事長がソニーの設立者井深大、副理事長が盛田昭夫だったと思う。

当時は大阪万博の年でもあり、自分にとっては大きな旅行で、両親から「行くのであれば万博かジャンボリーかどちらかにしなさい」といわれた記憶がある。結局、日本ジャンボリーに参加することになったが、そこで初めて外国人と話す機会があった。今でも忘れることのできない、ハワイから来ていた2名のボーイスカウト、名前はデリック山城とスコット山口であった。

ソニーに入ってから、国内のサービス拠点を数か所まわり、その後はクウェート、パキスタン、サウジアラビア、インドと、通算14年ほど海外の赴任をするのであるが、その日本ジャンボリーでの経験が自分の中での原点になっているのではと今さら感じることがある。

国内外での業務でサービス業にたずさわっていて、いちばん感じたことは、お客さまが望んでいた電気製品の修理が完了して満足してくれている笑顔が、たまらなく心地よいということだ。

特に日本からの駐在員で、子どもがすり切れるくらい見たビデオテープとビデオの再生機を「こわれてしまいました、なんとかしてください」と持ってきた両親と子ども。修理が終わってお返しするときの、子どもさんの笑顔は忘れることはできない。このとき、「エンジニアはお客さまの心も直せるんだ」ということを、より感じた。それは今も変わらない。

昨今のビジネスの風潮では、すぐに利益がどうしたこうしたとか、なんでもかんでもデジタル化した考えがいいように思われ、ＹＥＳ・ＮＯで判断をしたがる。

今の会社、ア・ファンでは、修理をしてお客さまに喜びと感動を持っていただくことによって、その「対価」としてお客さまに快く代金をはらっていただくことが大事だと思っている。そんな中で、自分たちでなんとかできるのではとスタートしたのが、今回のアイボの修理である。新興国での長い駐在経験から、「道は必ずある」の精神でもって、アイボの修理も模索状態でスタートした。それは現役時代のよき仲間たちとの交流のきっかけともなった。

ただ、本当に苦労の連続だった。アイボは自分の家族のような存在で、オーナーさんに寄りそいながらも、ときには反抗もして、オーナーさんの個性によって一つひとつちがう。それがアイボ。そんな愛されるアイボに、オーナーさん以外の人が引退の時期など決めることはできない。

少しでも長生きしてオーナーさんの心をいやすアイボ。献体としてほかのアイボの一部となって役に立とうとするアイボ。介護福祉施設などで新しい環境にて活躍するアイボ。いろいろな終わり方をするアイボでいいのではないかと思う。今は現在の活動に共感していただけるみなさまからの激励とご協力によって、いろいろな可能性を見出そうとしている。

60歳の還暦をむかえて、あと何年あるかはわからない年齢の中で、自分が本当に「やりたいこと」「やれること」が見つかって充実した毎日を送っている。昨年初孫が誕生した。彼が今のわたしの年齢になったときには、わたしはまちがいなくいない。ただこんな生き方をしたおじいちゃんがいたことを思い出してほしい。

ア・ファン～匠工房～について、少し説明させていただく。

日本全国にいるソニーの技術者OBで構成された会社で、依頼内容にもっとも適任と思われる技術者が、直接お客さまとやりとりしながら修理を進めていく。

この本に書いてあるように、つくったメーカー自体が、型が旧式のために部品供給できなくなり「修理不可」としてしまったり、メーカーそのものがなくなったりして、お客さまを取りのこしている。ア・ファンは、いわば〝取りのこされてしまった〟お客さまを救済する「おもてなし」を目指している。

その一部の機能でもいいから復活させたい思い入れのある物、思い出の品。メーカーはもちろん、ほかの修理会社すべてが無理だと断った貴重な一品。そのどれにも「無理」といわず、努力と誠意と情熱でこたえるお客さまの「思い出相談室」、それがア・ファンという会社だ。アイボのほか、この本の読者の方たちは見たこともないかもしれないが、ビデオやカセットデッキはもちろん、ビンテージモデルとよばれる古くて数も少ない貴重な電気製品の修理も受けている。

また2014年には、ミャンマーの寺院群に技術者を派遣して、音声ガイドを導入するための調査、作業も行っている。電気・電子回路図をしっかり読み切ることのできる技術者がいるからこそ、こうした海外への技術者派遣も可能となる。

今ア・ファンでは、新しいアイボ〝アイボII〟の製造ができないかと模索しはじめている。〝アイボII〟が生まれるまでには、多くの壁や困難が立ちはだかっているだろう。でも「道は必ずある」。協力、技術力、忍耐力……たくさんの「力」が集まって道は必ずできる、いやつくれるのだ。

最後に、人生の大半をソニーという会社とかかわってきた。今日のわたしを育ててくれたことに、本当にソニーには感謝している。

２０１６年４月

## 著者

### 今西乃子（いまにし　のりこ）

大阪府岸和田市生まれ。航空会社広報担当などを経て、児童書のノンフィクションを手がけるようになる。

執筆のかたわら、愛犬を同伴して行う「命の授業」をテーマに小学校などで、出前授業を行っている。

日本児童文学者協会会員
著書に『ドッグ・シェルター　犬と少年たちの再出航』『犬たちをおくる日　この命、灰になるために生まれてきたんじゃない』『命を救われた捨て犬 夢之丞　災害救助 泥まみれの一歩』（金の星社）、『命のバトンタッチ』『しあわせのバトンタッチ』（岩崎書店）他多数。

公式サイト　http://www.noriyakko.com/

## 写真

### 浜田一男（はまだ　かずお）

1958年、千葉県生まれ。東京写真専門学校（現東京ビジュアルアーツ）卒業。1984年にフリーとなり、1990年写真事務所を設立。第21回日本広告写真家協会（APA）展入選。

『小さないのち　まほうをかけられた犬たち』（金の星社）ほか、企業広告・PR及び雑誌・書籍の撮影を手がける。数点の著書の写真から選んだ「小さな命の写真展」を各地で開催。

公式サイト　http://www.mirainoshippo.com/



◆写真提供

櫻井ミチ子（口絵 p.5 上、p.111、p.113、p.115）

田中順子（口絵 p.5 下、p.21、p.23）

ノンフィクション　知られざる世界
**よみがえれアイボ**　ロボット犬の命をつなげ

今西乃子／著
浜田一男／写真

取材協力／株式会社ア・ファン

初版発行　2016年4月　第2刷発行　2017年6月

発行所　株式会社　金の星社
〒111-0056　東京都台東区小島1-4-3
TEL. 03 (3861) 1861 (代表)　FAX. 03 (3861) 1507
http://www.kinnohoshi.co.jp
振替　00100-0-64678

編集協力／船木妙子・ニシ工芸株式会社
装丁デザイン・DTP／ニシ工芸株式会社（小林友利香）
印刷・製本／図書印刷 株式会社

150ページ　22cm　NDC916　ISBN978-4-323-06091-0

乱丁・落丁本は、ご面倒ですが小社販売部宛にご送付ください。
送料小社負担にてお取り替えいたします。